小津安二郎在东京·银座的酒吧

肖像提供 小津家·镰仓文学馆

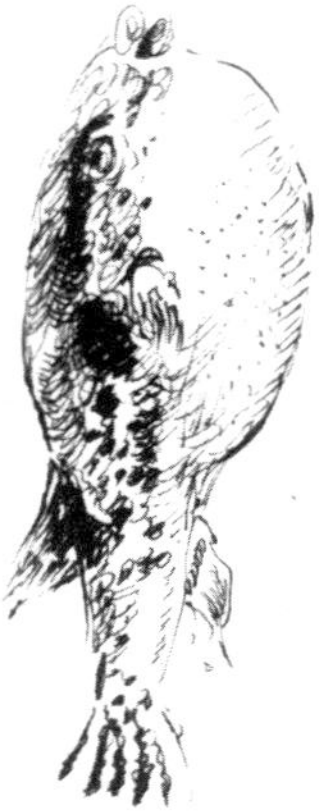

楚尘
文化
Chu Chen

北京楚尘文化传媒有限公司 出品

xiao jin an er lang mei shi san mei
小津安二郎 > 美食三昧

关东篇

[日] 贵田庄 | 著

罗嘉 | 译

中信出版集团 · CHINA CITIC PRESS · 北京

图书在版编目（CIP）数据

小津安二郎美食三昧．关东篇 /（日）贵田庄著；
罗嘉译．-- 北京：中信出版社，2017.1
ISBN 978-7-5086-6560-3

Ⅰ．①小… Ⅱ．①贵… ②罗… Ⅲ．①饮食－文化－
日本 Ⅳ．①TS971.203.13

中国版本图书馆 CIP 数据核字 (2016) 第 189909 号

小津安二郎美食三昧 关东篇

著　　者：[日] 贵田庄
译　　者：罗　嘉
策划推广：中信出版社（China CITIC Press）
出版发行：中信出版集团股份有限公司
（北京市朝阳区惠新东街甲 4 号富盛大厦 2 座　邮编　100029）
（CITIC Publishing Group）
承 印 者：北京华联印刷有限公司

开　　本：880mm × 1240mm　1/32
印　　张：6.5
字　　数：103 千字
版　　次：2017 年 1 月第 1 版
印　　次：2017 年 1 月第 1 次印刷
版贸核渝字（2014）第 139 号
广告经营许可证：京朝工商广字第 8087 号
书　　号：ISBN 978-7-5086-6560-3
定　　价：48.00 元

图书策划：楚尘文化

卷首语

小津安二郎导演喜欢吃。

从小津留下的日记可知，无论是战前还是战后，他几乎每天都在外边吃饭。工资、脚本费，抑或是可观的导演收入，一大半应该都花在了饮食上。身为导演，难免经常在外吃饭；但念其终生独居，以及随性而行的性格，也就不足为怪了。而且，在小津的电影中，饮食画面颇多，对日常生活场景颇多考虑，所以，他何故多在外饮馔便更好理解了。

小津的足迹，踏遍东京、横滨、镰仓，给大家留下了这本美食指南。

本书以小津留下的两本《美食手帖》为原型编写而成。但《美食手帖》之名，并非小津原书名，而是笔者为方便起见，替小津遗留下的两本手记取此书名。遗留手记，现由小津家寄存于镰仓文学馆。在东京，小津走访过很多店，但《美食手帖》里，他所到之处并未一一记载。本书参考了小津的日记，并根据需要，查看了小津所拍的电影，从画面考证他所到过的美食店，由此整理而成。

即便如此，《美食手帖》也不可能把所有美食店列举无遗，有相当一部分店铺，没有介绍，其中有很多原因。首先，《美食手帖》里，光是鳗鱼料理的名店，就占相当比例，但我们也不能只介绍鳗鱼店。所以，从店铺的位置，店堂的气氛来进行综合考量，几经权衡，精选几家。这样，像天妇罗店、鸡肉料理店也就有篇幅可纳入其中了。美食的类型，自然介绍得越丰富越好，而且鳗鱼、天妇罗、鸡肉料理，都是小津的最爱。

其次，横跨半个多世纪的光景，有些店已歇业、关张。例如位于西麻布三丁目的“龙土轩”。此店创建于 1900 年（明治三十三年），属正统的法式餐厅。小津的《美食手帖》里，不仅记有地址，还附带地图，可此店不知何时已悄然不见。该店装潢虽不华丽，却非常雅致，食物味美可口，清雅细腻，原本是非常想要介绍的。

小津生于深川，对东京的美食店，自然是再熟悉不过了。所以，对东京多一点点介绍也不为过，比起东京以外的横滨或镰仓，相对涉及多一些。松竹影业在蒲田的摄影地离横滨不远，小津从年轻时起，就经常来往于横滨。1936 年（昭和十一年），松竹的摄影制片厂从蒲田移到了大船，自此小津不光是在横滨，也会常去镰仓。1952 年（昭和二十七年），小津在北镰仓购房。于是，镰仓周边的一些店，也相继进入他的美食世界。

本书以此为背景，结合小津的喜好，从他去过的关东美食店里，挑选出现在还依旧兴隆的四十来家店，作为关东的美食食府，介绍给大家。

此外，本书的姊妹篇《小津安二郎美食三昧 关西篇》也已一起相继出版。与关东口味殊异的关西美味，到底如何呢？关东和关西在饮食上有何不同？有兴趣的读者，也可找这续篇来看看。

目录

关东美食府

东京

关东土特产店

横滨

镰仓

关东美食府

八王子站
中央本线
16
长沼站
京王线
镰田乌山
17
山手线
关口法式面包
中央本线
至八王子站
新宿中村屋
新宿站
20
泉屋东京店
245
福槌
山手线
1
永坂更科布屋太兵卫总店
涩谷站
SAMOVAR
地图制作　富士企划

田端站
常磐线
4
尾花
羽二重团子
日暮里站
笹乃雪
6
中清
上野站
双叶
并木薮系荞麦面
蓬莱屋
前川
牡丹亭
伊势源
船桥屋
龟户站
鲋佐
柏水堂
总武本线
14
竹叶卷
去骨寿司
总店
鸟安
美浓家
大江户
日山
宫
Hamaya
东京
长门
东京站
京桥 Mortier
空也
Levante
阿多福
京叶线
天竹
银之塔
竹叶亭银座店
多幸银座八丁目店

东京

竹叶亭银座店［鲷鱼泡饭、鳗鱼］

地处银座中心的『竹叶亭银座店』门面

位于晴海路上的竹叶亭银座店，地处银座中心，与五丁目日产展厅相隔不过几家。从战前开始，小津安二郎就力捧此店。小津战前的日记里，就数次出现竹叶亭银座店。以下分别是他在昭和八年、九年、十年的日记。

一九三三年四月三十日：
▲于竹叶亭鲷鱼泡饭

一九三四年七月十日：
亡父百日。寺内做法事。
去看牙医。母亲再三考虑后，同去竹叶亭吃鲷鱼泡饭

一九三五年七月九日：
三点左右结束。
理发店理发，
稍后，与厚田见面。本打算离开银座，
到美津浓购物。在竹叶亭吃鲷鱼泡饭。
下榻东京。收到稿费。

战前，小津对竹叶亭银座店的钟爱由此可见一斑。尤其是对鲷鱼泡饭，情有独钟。

竹叶亭银座店如今已然翻新，遗憾的是，现在店面的风情与小津当年光顾时如《东京之宿》中所展现的，已全然不同。1935 年

（昭和十年）11月，由坂本武、突贯小僧和冈田嘉子主演的《东京之宿》首映。突贯小僧是戏中儿童角色的绰号，原名是青木富夫。

说起竹叶亭，很多人自然会联想到银座八丁目的本店。竹叶亭本店，小津固然经常光顾，但事实上，他更喜欢的是可以毫无拘束，轻松上门的五丁目的银座店。更不可思议的是，竹叶亭的鳗鱼最为有名，但在这家竹叶亭店，小津常点的并不是鳗鱼，而是鲷鱼泡饭。对鲷鱼泡饭的热衷，可见小津与众不同之处。我特意去这家店吃了一次鲷鱼泡饭，终于理解了为何小津对鲷鱼泡饭如此喜爱。

一楼和地下一楼是西式座席，二楼是日式榻榻米。一楼人来人往，相对嘈杂，最好去二楼或是地下一楼。如果座位靠窗，可以看到晴海路、银座三越以及和光店。放眼繁华热闹的银座大街，口里品尝着鳗鱼的美味，无比惬意。要是对榻榻米没有不适的话，还是更为推荐二楼的日式座席，更具日本风情。

点菜如不在意价格，可要一份素烤鳗鱼和日本酒。烤鳗鱼蘸上芥末，异常鲜嫩，清淡的口感，很难让人想到这是鳗鱼，非常美味。鳗鱼一小段，量恰到好处，价格也不很贵。酒喝到差不多的时候，小津会再点上一份最爱的鲷鱼泡饭。

在竹叶亭银座店，客人可以根据自己的喜好，安排上茶泡饭。此店的鲷鱼泡饭是绝品，并非随便做好便端上来的。

点好鲷鱼泡饭，会送上一碗浇了芝麻酱的鲷鱼，一碗米饭，还有一碟酱菜。鱼肉十分新鲜，又有足够的嚼头，酱油味的芝麻酱，浓而不腻。据说把佐酒吃剩的鲷鱼做成鲷鱼泡饭，是小津的首创。我像小津一样，吃掉一些鲷鱼后，在碗里盛好米饭，把剩下的鲷鱼盖在饭上，浇上焙茶。此时，芝麻酱汁已充分浸透到鲷鱼中，再浇焙茶，非常搭配。如此美味的茶泡饭，不觉让人交口称赞。

竹叶亭银座店，是鳗鱼的名店，在这儿喝一碗鳗鱼肝清汤，吃上一块鳗鱼，自是最好。用上等来形容此店的鳗鱼，再合适不过了。其味道，也与银座的调性极其合拍。而且，与八丁目本店不同的是，五丁目银座店的门槛不高，从门口的价格表即可看出，不用太勉强自己，就可轻松进店。在银座的中心位置，对那些午饭或晚饭想吃鳗鱼的人，绝对推荐你来此店。

竹叶亭银座店

地址：东京都中央区银座 5-8-3

电话：（03）3571-0677

营业时间：11:30-14:30，16:30-20:00

周六、周日、节假日 11:30-20:00

休息日：岁末年初

鲷鱼泡饭 1,890日元
鳗鱼饭 1,890日元
素烤鳗鱼 1,575日元

关口法式面包［面包、三明治］

日本最古老的法式面包店，现在已装潢翻新，拥有现代化的店面

从地铁有乐町线江户川桥站下车，上到地面。从眼前的江户川桥走过去五分钟，就是有名的关口法式面包店。据说是日本最老的一间法式面包屋。

关口法式面包店所属关口天主教会，建于1888年（明治二十一年）。也就是说，比神户的法式面包名店，在东京也名气甚高的DONQ店还要早。关口法式面包店的法棍，席卷了东京的酒店和餐厅，120年的悠久历史，尽在法棍横扫东京征途之中。

小津安二郎在《美食手帖》里，对关口法式面包店有如下记载：

▲关口的面包

文京区关口町一七六

电话：九四——一八三五

过江户川桥，在关口教会的拐角

1959年（昭和三十四年）5月31日小津日记记载道，在椿山庄赴宴后，顺便绕道去了关口法式面包店。从椿山庄，也就是现在广为人知的四季酒店，步行过去五分钟的路，就到了关口法式面包店。

喝多了　尾坂开车前往椿山庄　山本富士子

赴宴　山本母亲　佐野　厚田　山内　富二　畅谈

去了关口面包店 送厚田清水

坐车回镰仓

在椿山庄设宴招待小津及其工作人员的是日活[1]的女演员山本富士子。她在小津的首部彩色电影《彼岸花》（1958 年）中饰演京都旅馆佐佐木家快乐、伶俐的女儿。所以，山本在椿山庄宴请小津，多半是为了答谢。宴会结束，顺道去了不远处的关口面包店，小津他们又买了些什么呢？

现在的关口法式面包店，门面设在一幢现代化高楼的一层。店面的一半，主要卖各种面包，另一半改造为咖啡厅。光线幽暗的店内，有六张四人桌，靠墙一排长座配有桌子。此外，打开大玻璃窗，可摆放几张白色的桌子，设成露天台位。天气好的时候，这里的露台就成了头等座。

关口法式面包店的绝赞产品是法棍——重约 300g，棍状。这里的法棍，有着脆脆的硬皮和恰到好处的咸味（使用法国产的天然盐）。如此微妙的口感，再配上一道汤，让人不禁想要尝一尝。历经岁月，法棍的味道却丝毫没变。自然，和其他面包店一样，这里不光只有法棍，也卖各种花式面包。

在关口法式面包店，法棍已非唯一选择；现烤的面包，也值得品尝。

此外，还有各种烘焙三明治，如俱乐部三明治或香烤牛肉三明治，也是不错的选择。前者，放番茄、煎蛋、鸡肉；后者，放烤牛肉、奶酪、煎蛋，然后外面裹上烤过的面包。做法精细不说，还量

1　日活：日活株式会社的简称。由 1912 年创立的日本活动写真株式会发展而来，为当今日本五大电影公司之一。

足味美。

对那些在关口法式面包店想现场试吃的食客，推荐你试一下夹上熏牛肉、鸡肉和鸡蛋的法棍混搭三明治。法棍和三种食材的组合，堪称绝配。而对那些正饿着肚子的人，推荐一款浮有面包碎粒的奶汁烤洋葱汤。或此或彼，都会让你大快朵颐。

关口法式面包店

地址：东京都文京区关口2-3-3

电话：（03）3943-1665

营业时间：8:30–18:00 周日、节假日8:00–17:00

休息日：岁末年初

法棍 241日元
俱乐部三明治 683日元
香烤牛肉三明治 683日元
法棍混搭三明治 578日元
奶汁烤洋葱汤 494日元

鸟安「老鸭锅」

上图：罕见的老鸭专营店『鸟安』的门面　下图：暖帘上有点有逗，流露出些许的可爱

小津安二郎导演对鸡肉料理情有独钟。无论是在京都，还是在东京，他对各家的鸡肉料理都啧啧称赞。小津留下的《美食手帖》里，记载了鸟弥三、新三浦、鸟新、鸟安等多家鸡肉料理名店。这些都是做鸡肉汆锅的名店。

而在东京，小津记录的鸡肉店，既有专烤鸡肉串的，也有做鸡肉火锅的，更有像鸟安那样不可多得的老鸭锅专营店。

鸟安创立于 1872 年（明治五年），是两国桥附近的名店。最近的车站，是都营浅草线的东日本桥站，而离 JR[1] 总武线的浅草桥站或两国站也不是很远。现在地址上写的是东日本桥，换作旧式说法，也就是古装戏里常听到的药研堀。鸟安独据一栋小楼。不久前，小楼翻建一新，但一直以来的历史感和店铺旧日的雅致，依旧保留。

在小津的《美食手帖》中，有如下记载：

▲鸡肉

电话：六六—二〇六七

鸟安（药研堀）老鸭锅

小津 1963 年（昭和三十八年）日记里记载有：去国技馆看完相扑后，以及母亲周年祭后，都去过鸟安。现在就来介绍这两则日记。此外提一下，小津是在当年 12 月去世的。

1 JR：Japan Railways，日本铁路公司简称，该铁路覆盖了日本四大岛的各个角落。

一月二十二日

和山内一起看相扑　第十天　全胜　鹏[1]　充实　之后去了鸟安

Monami　与川口松太郎会面　步行到东京站

二月四日

去深川阳岳寺　新一　浜子　和子　祐子　吉成

之后去了鸟安　闲散转悠到白木屋　走去东京站

山内是松竹的制片人，Monami 是银座的酒吧，阳岳寺在深川二丁目，也就是小津家所在的菩提寺。去年的此日，在北镰仓一直和小津共同生活的母亲去世了。母亲的周年忌日，由亲戚帮忙操办。即便如此，两周后，他竟再次前往。看小津日记才意识到，间隔不久，便再次造访，小津对鸟安眷顾如此，可见一斑。

鸟安是东京首屈一指的老鸭锅专营料理店，实行预约制。所谓老鸭是番鸭与家鸭的杂交品种，多为食用。

鸟安的菜单，只有老鸭锅一道套餐。所以点菜时，不必煞费苦心左思右想。点好酒，上了开胃菜后，会端来一小砂锅清汤，以及经水焯过的鸡肉刺身。接下来，主菜老鸭锅才登场。女服务员能说会道，不动声色就把眼前的食材安排好，即使初次到访的客人，也可以轻松就餐。

1　鹏：大鹏幸喜（1940—2013），原名纳谷幸喜，日本相扑大力士，第 48 代横纲（1961 年 11 月—1971 年 5 月）。创下相扑史上 32 回优胜纪录，拥有“昭和大横纲”之美誉。被奉为日本的国民英雄，为社会带来勇气、希望和梦想的象征。

经过常年炭火烘烤的黑铁锅烧热时，按铁板烧的诀窍，先从皮烤起。待皮脂烤出后，把老鸭的纯肉、鸭胸、鸭肉丸等一股脑儿地放入，再依次放入葱和茼蒿等蔬菜。入口时，服务员会递给你萝卜泥，把鸭肉和蘸了酱油的萝卜泥一起放进嘴里，此时感到肉在嘴里是糯糯的，煞有嚼头，让人食欲大振。

套餐结束时，会上一碗酱汤和腌菜，配上米饭一起食用。米饭，则可以从白米饭、肉松盖饭及炒饭里三选一。大多数人会点炒饭。饭由服务员在眼前的铁锅里现炒，将鸭的油脂充分吸收，实属美味。

现在，乌安不像小津造访时只在冬季营业。老鸭料理常年供应，夏季也不例外。盛夏酷暑，来杯冰酒，配上绝品的老鸭锅，消暑自不在话下。

乌安

地址：东京都中央区东日本桥 2-11-7

电话：(03) 3862-4008

营业时间：17:00-22:00

休息日：周日、节假日、岁末年初

老鸭锅 10,000日元

蓬莱屋【炸猪排】

小津电影中常会出现的『蓬莱屋』店面

小津安二郎导演1960年（昭和三十五年）拍摄的《秋日和》，开场便是一个人的独白："松坂屋后面的炸猪排店，倒是经常会去的。"台词里的松坂屋，是指上野御徒町的松坂屋。其实就在百货店的后街，有一间炸猪排名店蓬莱屋，独占一栋小楼。

蓬莱屋创建于1914年（大正三年），作为炸猪排店，堪称老店中的老店。

众所周知，炸猪排是小津的最爱之一，其间蓬莱屋的炸猪排更是不二之选。小津留下的《美食手帖》中写过，"▲炸猪排/上野松坂屋后街——蓬莱屋/下谷（八三）五七八三"。日记中，蓬莱屋的名字几度出现。早在1933年（昭和八年）11月23日，就有如此记载：

▲约上福延去永藤→蓬莱屋→富士馆→丹下左膳→梅园

大概意思是：蓬莱屋吃完饭后，去浅草六区的富士馆，观看了伊藤大辅导演的第一部有声电影，大河内传次郎饰演的《丹下左膳第一部》，之后，又绕到浅草寺附近的梅园甜品屋。这里的红豆栗子沙非常有名，即便现在，到浅草寺参拜的客人，也会蜂拥到此。

1935年（昭和十年）的日记中记有：

三月二十六日

外景鸭舌帽

走在荒川放水路[1]上　风着实强劲

晃晃悠悠走了一里路

到久未光顾的蓬莱屋吃炸猪排

四月一日

再次看到荒川放水路蓬莱屋

和荒田在富士里喝了一杯，去长门买点心。后回

荒田就是剧作家荒田正男。这里说到的外景，是拍《东京好事》一片的外景地，因原定的主演饭田蝶子突发胆结石紧急住院，拍摄告停，影片就此告终。翌年，脚本一改先前的风貌，变身为《独生子》（1936 年），耀然问世。

小津去蓬莱屋的次数，战后明显多于战前，无论是拍完外景，还是和友人到上野看美术展，时常会移步前往。

进到店里，感觉比想象的要小很多。首先映入眼帘的，是六七人一坐就满的吧台，小津的宝座固定在吧台的左侧靠边。但蓬莱屋的座位也绝不仅这几张。二层还有两间和式榻榻米房，这在洋式炸猪排店还很少见。想要像小津遗作《秋刀鱼之味》（1962 年）中佐田启二和吉田辉雄一样，围着桌子美餐一顿的人，可以相约二三人到蓬莱屋。服务员便会引导你们上二楼。

1　荒川放水路：为防止荒川下游洪水泛滥，从岩渊水门，到中川河口（东京湾）修建了一道长 24km，宽 450 ~ 580m 的排洪渠。1911 年开工，历时 30 年完成。

记忆中，蓬莱屋的菜单上，只有炸猪排套餐和小份炸猪排套餐两种，现今又新加了串烧猪排套餐和东京物语膳两道菜。东京物语膳，当然是受小津杰作《东京物语》（1953 年）影响而来。这份套餐，含有“两块小猪排、两根串烧猪排、炸里脊饼、沙拉、米饭、味噌汤、甜品”。而点菜，首选自然是炸猪排套餐，因为是这里的招牌菜。该店的炸猪排，用的是里脊肉，美味如此，实属罕见。蓬莱屋的炸猪排，初时高温过油，而后低温慢炸，面衣颜色深似狐狸。一切五长条，薄薄的面衣下，呈现厚厚的猪排，让那些看惯了扁平炸猪排的客人，着实吃了一惊。咬上一口，多汁，无膻味，口感极佳，而且松软得连年长者也可嚼动，再次让人感到惊奇。蓬莱屋，的确是关东地区极具代表性的炸猪排店。

蓬莱屋

地址：东京都台东区上野 3-28-5

电话：（03）3831-5783

营业时间：11:30-13:30、17:00-19:30

周日、节假日 16:00-19:00

休息日：周三

炸猪排套餐 2,900日元

小份炸猪排套餐 2,900日元

串烧猪排套餐 1,900日元

东京物语膳 2,400日元

新宿中村屋「咖喱饭」

在『Repas』除咖喱之外，还有各种菜品可选

在东京，一旦提起咖喱，大家都会想到新宿的中村屋。从东口出来，沿新宿大街稍走几步就到。不喜欢熙攘喧闹的人，可以从纪伊国屋书店或是伊势丹总店过去，穿过长长的地下街，也许更为方便。

小津在日记中，多次提到去中村屋。多数时候，都会吃那里的名产——咖喱饭。1934 年（昭和九年）6 月 7 日的日记中记载道：

和池忠在丸善会晤　去了新宿看《雾笛》《污染》

去中村　吃咖喱饭

池忠是池田忠雄，本职是剧作家，也做过电影导演。其中，《心血来潮》（1933 年）、《独生子》（1936 年）、《户田家兄妹》（1941 年）、《父亲在世时》（1942 年）等，多出自池田与小津的携手合作。日记中提及的《雾笛》是村田实导演的作品，《污染》则由石田民三导演。这两部作品，5 月刚在浅草的电器馆首映。如此说来，小津他们赶往新宿，是观看二轮放映。与其说看电影，或许真正的目的，就是中村屋。这里，价格是贵了点儿，但味美，且正宗。

1935 年（昭和十年）7 月 18 日的日记中，小津写有如下的内容，那时他正在青山兵营接受三周军事训练。

行军

堀之内妙法寺　大宫八幡方向

回程落队　从代田桥乘坐巴士到新宿

038

在中村屋吃了咖喱饭坐省线[1]归营

作为电影导演的小津那时已经名声在外，因而行动上看似可以比较自由。

中村屋的创建，可以追溯到明治时代。1901 年（明治三十四年），从信州来的相马爱藏、相马良（俗称黑光）夫妇，把东大前的中村面包房，连货带房一起盘了下来，然后在年底开业。当时，黑光是雕刻家荻原守卫（碌山）的资助人，两人之间非同寻常的暧昧情谊已不是什么秘密。相马夫妇的面包房很快便大获成功，1909 年（明治四十二年）又搬到了新宿的现地址，始为总店。1927 年（昭和二年）开了咖啡馆，餐单里加了印度咖喱。引进咖喱的是印度亡命党人 Rash Behari Bose，他和相马夫妇的长女相马俊子在 1918 年（大正七年）喜结连理。正是这桩国际婚姻，给中村屋带来了印度咖喱。

1934 年中村屋咖啡馆的菜单是："东京名产 / 纯印度式咖喱 / 肥育子鸡或鸭 / 一日元 / 普通鸡 / 八十钱。"当时咖喱的价格算是相当贵的，但因为是正宗印度咖喱，还是轰动一时。小津也是在这股潮流下，经常到中村屋来品尝咖喱。

现在的中村屋，从地下的茶饮部到五层的餐厅，备有各种菜肴，想吃名产咖喱的人，请上二层餐厅"Repas"就座。"Repas"是法语"餐饮"的意思。

1 省线：1920—1949 年期间的国有铁路，相当于现在的 JR 线。

屋子很宽敞，看起来有一百来席。门口的橱窗，展示得像百货商店里的美食街，陈列着各式样的菜品。担担面、炒面一类的中餐和汉堡、意面等西餐混搭在一起。中村屋的招牌菜——印度咖喱，也展示于其中。在中村屋，大家都不叫咖喱“curry”，而称之为“kari”。这里的咖喱很辣，但并非辛辣。很多人会以辣的程度去评判咖喱，而中村屋的咖喱饭，说不上为何，有种让人怀念的、雅致的感觉。

在中村屋，还可以一次吃到各种咖喱，如鸡肉咖喱、蔬菜咖喱之类。每种味道都想尝尝的人，可以上四楼，试一下咖喱自助餐。

新宿中村屋

地址：东京都新宿区新宿 3–26–13

电话：（03）3352-6161

营业时间：（『Repas』）11:00–22:00

休息日：不定休

印度咖喱 1,470日元
印度咖喱套餐（含沙拉、饮料） 2,132日元
咖喱自助餐 1,575日元
（90 分钟，平日 11:00–16:00，周六、周日、节假日11:00–21:00）

大江户【鳗鱼】

上图：杨柳作标志，有着二百余年历史的大江户

下图：每到周六，特别摆出这样的看板

就像字面暗示的一样，大江户创建于江户时代。可以上溯到宽政年代（1789—1804），大江户至今已历两百余年，是足可引以为豪的鳗鱼名店。

小津的《美食手帖》里，记有众多鳗鱼名店（实可谓鳗鱼的笃嗜者）。其中，大江户自然占显赫的一席。

都电

大江户—本町四丁目　　室町三丁目

大江户位于江户路和昭和路交叉口横着进去的地方。门前的标志，是一株随风摇曳的杨柳。门上悬着一幅暗淡的朱红色大看板，赫然写着“大江户”三字，煞有一副别样的气派。离大江户最近的站，是特快JR总武线新日本桥站。另外，地铁三越前站或小传马町站，也并不远。

进门左手是日式榻榻米，右手是餐桌式房间，称为“食堂”。大多数人会在食堂品尝大江户的鳗鱼。这间食堂，有几间四人座的小单间。但说是单间，其实没有门，而是用暖帘隔开，设计很讲究。也就是说，四人用的桌席，由绿色的暖帘一隔，便成了简易单间。虽然旁边首都高速路上车来车往，但屋子里却十分安静。

鳗鱼的种类，旧时用月亮比喻，可分为如下几种说法：“文月”“长月”“下月”“弥生”“睦月”，但这“月”那“月”，都不带清汤，清汤需要单点。鳗鱼的味道，因种类和佐料不同，口味各异，所以只这样说，是无法道出大江户鳗鱼之滋味的。当然，最容易理解的描述，就是“极品”，四千日元左右的价格，就可以享受到大江户的极品鳗鱼了。

烤鸡要用五香粉，鳗鱼要撒山椒。这些调味品，是提升烤鸡和鳗鱼滋味的决胜之招。烤鸡上撒五香粉，可以理解，而鳗鱼，揭开盖子的那一瞬，马上撒上山椒会如何呢？优质山椒，味道比想象的要重，可以把鳗鱼和佐料的味道，微微遮盖过去一些。但无论你多喜欢山椒，建议开始的一两口不要撒山椒，最好先清口品尝一下老店的鳗鱼原味。这么说不是没有道理的，不蘸山椒的鳗鱼的原味，原来就已令人满足了。

大江户不同于其他鳗鱼店，这里的日本酒和烧酒，种类多得无法想象。哪款都有二十来种，对好酒的客人，无疑是件开心的事。酒都有这么多种，那么在菜单上下酒菜自然也备了不少，素烤鳗鱼、醋拌鳗鱼黄瓜、鳗鱼蛋卷、鳗鱼内脏串，更是应有尽有。就连小津拍摄的最后一部黑白电影《东京暮色》中，影片一开头，小料理店中对话里提到过的“海参肠”（海参的内脏，特指盐腌的肠子），这里也有。在鳗鱼店能吃到海参肠，实属少见。在大江户，喝着日本清酒或烧酒，方能真正进入日本料理的世界。

当然，大江户按正式的说法，是“鳗鱼割烹大江户”（江户后期，比较高级的和式料理，即称作割烹），所以，此处备有多款以鳗鱼为主的套餐。有需要点套餐的客人，进门入左手，上到榻榻米坐下，自可慢慢品尝佳肴美味。

在大江户，唯有周六才有特制限定菜“排筏”。“排筏”是借用木筏来形容长长一条鳗鱼的鳗鱼饭。由于鳗鱼过长，头尾会伸到器皿之外，对于真正喜欢鳗鱼的人来说，能够品尝到这个“排筏”，实在是过瘾。价格上，“长月”“下月”等都一样，确实为良心价。

大江户，在北青山二丁目和南青山二丁目皆有店，但要想吃大江户的好鳗鱼，最好去日本桥本町，那里的单间风格迥异。周六，去点一份排筏鳗鱼饭如何？

地址：东京都中央区日本桥本町 4-7-10

电话：（03）3241-3838

营业时间：11:00-22:00　周六 11:00-21:00

休息日：周日、节假日

鳗鱼饭　2,200日元（文月）

排筏（仅周六提供）　2,200日元

鳗鱼套餐（白天）　7,500日元

鳗鱼套餐（晚间）　17,000日元

镰田鸟山［串烤野鸟］

朴素的山顶小屋，完全融入四周的秀美风景，这里就是镰田鸟山

小津安二郎导演喜欢鸟肉，留下的《美食手帖》中，东京郊外的鸟肉料理店，曾有两次记载，实属罕见：

镰田鸟山
八王子市野猿峠
京王线北野站下车
电话：（八王子）四一一八

镰田鸟山是经营烤鸟肉串的专营店，但它烤的并不是普通的鸡肉串，而是更珍稀的物种——野鸟。对于小津来说，从镰仓过去得花上近一天的时间，应该自有他的理由吧。镰田鸟山在他日记中几度登场。昭和三十年代前期的日记中记载过：

一九五六年一月二十九日
早春　首映满座　去八王寺（子）鸟山　里见先生　有岛
横山　那须　静夫　山口　之后去了扇谷
野田氏感冒

一九五九年十一月十八日
万里无云　八王寺（子）　去了鸟山
烤麻雀 山药泥麦饭　美味　从八王寺（子）坐电车回

前者是电影《早春》首映式的日子。后面日期的前一天，《浮草》刚刚首映。从影片首映和镰田鸟山的关系中可以看出，小津每当结束一段手头工作，都会沉浸在相对的满足当中，邀上三五好友，从北镰仓千里迢迢赶到八王子。

乘京王线在北野站下车，可以坐公交车到绢丘，或者在野猿峠下车，步行过去。坐出租车，也就一千日元左右，即可到镰田鸟山。想徒步过去呢，可以在长沼站下车。经丘陵式的都立长沼公园，徒步过去，走二十分钟左右的上坡路，就能见到一幢朴素的日式山顶小屋，树木环绕。那里就是镰田鸟山。

创业者曾在神田须田町鸟肉料理名店 BOTAN 附近经营一家曲物[1]店。开始时，为找一位继承人，结合自己的爱好，边采集鸟类标本，边在日本各地巡游，后忽突发奇想，觉得何不作为生意，让客人来尝野鸟肉呢，于是始建现在的山顶小屋。那是昭和初年的事情。

每逢好时节，走路过去，徒步健身，心旷神怡，何乐而不为。二楼的屋顶很高，通风良好，客人可以围坐在有吊钩的地炉前，品尝山珍野味的烤鸟肉。且房间三面玻璃环绕，透过窗外林木缝隙，可遥望日野市街道。

这里推荐的，自然是野鸟套餐。主菜是：麻雀一串两只，鹌鹑一串一只，丸子（仔鸡肉里混杂麻雀肉）一串，还有三种烤蔬菜串和鹌鹑蛋串，以及小碗炖菜、烩菜、山椒魔芋味噌汤、山药泥麦饭、泡菜、甜品。

1　曲物：木质圆桶。将杉木、桧木等较薄的板材弯曲，底部用樱树皮、桦树皮缝合而成的容器。

野鸟和蔬菜穿成串后，可由客人自己放在炭火上的铁网上烤。壶里的调料，以酱油为主，时不时在烤串上刷一下。麻雀可以连骨吃，鹌鹑比麻雀要大一倍，颇有吃鸡肉的感觉。无论哪种，都没有特别的怪味，即使初次尝试，也不太会产生抵触。对吃腻了普通烤鸡肉串的人来说，非常推荐烤野鸟串套餐。吊钩并非装饰，烩菜放入锅内，挂在上面用火温着。就像小津日记里所写，美味非比寻常的山药泥，而且还附有甜品。这道套餐非常超值，店家肯定是下了一番功夫的。

难以接受野鸟的人，可以选择仔鸡套餐。到镰田鸟山店，若只择取普通烤鸡肉套餐，绝对是一大损失。

镰田鸟山，融入山丘自然之中，那是你在都市中享受不到的一种情趣，故特别推荐此店。周末的午后，尤其是新绿发芽，红叶映衬的时节，到镰田鸟山来吧，即便你不是小津，千里迢迢到八王子的自然丘陵来过一趟，便会有切身的感受。

镰田鸟山

地址：东京都八王子长沼町587

电话：（042）676-4576

营业时间：11:00–21:00

休息日：周二、周三（节假日除外）

※要预约

野鸟套餐　3,260日元（文月）

仔鸡套餐　3,260日元

中清［天妇罗］

中清的尊贵雍容气场十足

小津安二郎导演留下的日记中，记载了他请大家吃天妇罗的经历。那是在1955年（昭和三十年）5月24日。参加者共十二人。当时，小津正在茅崎馆创作《早春》（1956年）的剧本，宴请天妇罗就在茅崎馆一家叫“柳”的料理店里。两日后，小津在日记中写道：“出去散步，从书店转到‘柳’，结清了天妇罗宴请会的账款。共二万二千日元。”慷慨大方的小津，请大家美餐了一顿。

由此可知，小津爱吃天妇罗。事实上，就像记录那时的天妇罗宴一样，日记上，经常会看到他去天妇罗店的记载。至今地址没变的，有一家在筑地田村后街叫“阿多福”的，还有在猿乐町吃过一家，叫“天政”的。天政后来搬去了天王洲，在那里经营了一段时间，当东京站旁的丸大楼翻新为现代化高层大厦时，又入驻大厦，在餐饮层开始了经营。

这些天妇罗店，都是战后小津经常光顾的地方。战前，天妇罗名店在浅草，也就是我们要讲的中清。中清在浅草公会堂正前方，是浅草众多的天妇罗店之一，地势却是相当高。远远望去，像是由库房改建的。入口处右手边，有一尊石灯笼，对初次造访的客人来说会有些不便。

中清创业于1870年（明治三年），店牌由第二代中川清五郎的名字而来。昭和初期开始，小津就频频登门。

一九三五年一月十三日

晌午过后，从热海坐火车动身

今天起，蝶子和武在浅草公演　茂原　中岛

和原一起去

稍后　去中清吃天妇罗

这是从日记里摘录的一个例子。刚刚上映的电影《温室姑娘》（1935 年）主演（饭田蝶子、坂本武）在浅草六区帝国馆公演，小津与手下的工作人员茂原英朗（英雄）等一起前往观看。战前，很多影片在浅草上映时，主要演员会登台，为电影捧场。

中清，为想吃到纯正天妇罗的客人，备有几道不同的套餐。即便最便宜的“节日套餐”，也是一道一道，按序上菜。开胃菜、清汤、刺身、醋拌凉菜、天妇罗拼盘、米饭、酱菜、味噌汤、水果。天妇罗拼盘里则有两只大虾、鳕鱼、竹甲鱼、海鳗。为了防止天妇罗凉了，装在带盖的红色轮岛漆器盒里，送到客人面前。同时，备好了蘸天妇罗用的汁、盐和萝卜泥。量恰到好处，一份套餐已足够。

即便是便宜的午餐，中清也有一道招牌菜“炸雷神”，足可挑战一般的天妇罗。因形似雷神的大鼓，于是起了这么一个不同凡响的名字，也可以说把注押在了浅草的雷门上。炸雷神用足够大的大虾和蛤蜊肉，个头有五公分厚，直径也够十五公分。点炸雷神，会端来米饭、味噌汤、酱菜，还有一个铁网垫底的漆盒，里面装有一个大大的炸天妇罗。吃起来油酥、脆软，让人惊喜不已。天妇罗汁里，要加些萝卜泥，或撒上白芝麻；但开头一口，最好什么都不蘸。炸的时候，因用的是芝麻油，面衣口感硬脆，很适合男人的口味。这就是中清天妇罗的味道，也可以说是浅草一带炸天妇罗很有代表性的味道。午餐，除了炸雷神套餐外，还有小份的油炸天妇罗，套餐里有鳍鱼、海鳗、大虾等。

中午，单点套餐的客人，坐在进门往里的餐桌区。参加宴席聚会的客人，可以在十二个单间里尽情享用。单间环绕在中庭四围，池中游弋着锦鲤，静谧舒适。规格之高，让人难以想到这是在平民化的浅草。

吃过让人足够满足的炸雷神套餐

中清

地址：东京都台东区浅草 1-39-13

电话：(03) 3841-4015

营业时间：11:30-14:00，17:00-22:00

周六、周日、节假日 11:30-20:00

休息日：周二、每月第二·第四周一

天妇罗宴席 7,000日元起
炸雷神套餐 3,000日元
天妇罗套餐 3,000日元

Levante [西餐]

上图：搬家后，Levante 四处洋溢着现代气息　下图：小津最爱的的矢牡蛎

小津爱喝啤酒。不仅日记里经常提到，连影片中的人物，也常喝啤酒。《秋日和》（1960年）中有一个场景：和司叶子一起吃炸猪排的原节子，把剩下的啤酒一口干了。

说起啤酒，不得不提德国西餐。小津经常光顾银座或有乐町的德国西餐店。遗憾的是，曾经声名在外的德国西餐店，不知何时，从原址上消失了。Ketel[1]，还有德国面包店，都去了哪儿呢？以前在银座五丁目的Ketel，一层可以喝啤酒，吃烤香肠和德国土豆；地下一层，又可品尝正宗的德国美食。唯美派文学家谷崎润一郎在《细雪》中提到的Lohmeyer[2]也失去了踪影。数年前，得到一个令人欣慰的消息，Lohmeyer在银座八丁目大街显眼处，老咖啡店Paulista对面，又再次现身了。难道德国西餐就不那么受欢迎吗？其实，德国西餐也很好吃的嘛。

直到21世纪初，Levante一直就在JR线有乐町站附近。很有欧洲的感觉，古色古香，确切说，看上去更有德国风格。Levante旧址经重新改建，转型变为由丸井经营的ITOCiA[3]的一部分。那里，每天有很多年轻女性进出，这些人里，是否有人知道，ITOCiA曾经是Levante的所在呢。

所幸，以为无踪无影的Levante，搬到了附近东京国际论坛A座二层，再次呈现在世人面前，店面也开阔了很多。从东京国际论坛中庭，拾级而上就是入口。之前的Levante，多种啤酒是其主

1 Ketel：德国西餐店名。

2 Lohmeyer：德国西餐店名。

3 ITOCiA：位于东京有乐町东站的新型商业城，集娱乐、饮食、购物为一体的多功能建筑。

营项目。而今，其重心更多转向了餐点。当然畅饮各式啤酒，仍是Levante不改的初衷，但餐厅的三面大玻璃，好似无意于让人记起它的前身。取而代之的，在东京最具独创性的、引以为豪的建筑（新址）一隅就餐，反倒成了焦点。

这里，可以喝啤酒，也可以点烤牛肉。新店的定位，是德式啤酒屋。而今在Levante向你推荐的，既不是啤酒，也不是西餐，而是牡蛎，而且是的矢（三重县志摩市）产的牡蛎。所以，要在“有R的月份”[1]里经常去一下。

小津1954年（昭和二十九年）11月24日的日记中记载，因做法事，去了松阪[2]，之后“在贤岛酒店吃了的矢的牡蛎”。又，次年2月24日的日记中记有：“入浴。午睡。接到里见府的电话，邀请去吃的矢的牡蛎，坐车过去。稻田已先到，静夫、野田来迟。的矢的牡蛎美味。之后共舞。”再有，1959年（昭和三十四年）12月30日的日记：“咳嗽，逐渐好转。吸烟减少，喉咙吞咽困难。佐田来电，同约去里见先生家吃的矢牡蛎，临到事前却感冒了，岁末只能静静待在家中。”小津和作家里见弴为邻，交往甚密，每当有寄来“的矢的牡蛎”，都会请去品尝。

小津最后一部黑白片《东京暮色》中，浦边粂子饰演小酒屋的老板娘，和饰演银行职员的主人公笠智众有如下的对话：

1　有R的月份：法国老饕说“没有R的月份不吃生蚝”，意指有R的月份才是吃生蚝的最佳季节。没有R的月份是May（五月）、June（六月）、July（七月）、August（八月）这四个月。这个时期是生蚝的繁殖期，味道不佳，且生殖巢内，易积聚毒素，吃后容易中毒。

2　松阪：三重县松阪市。

先生，要不要来一份牡蛎？的矢的牡蛎，和海参肠一起刚到的。

不光日记中有记载，就连影片台词也会提到，可见小津对的矢牡蛎的不舍。

人要勇于尝试，去 Levante 吃一次的矢的牡蛎如何？浇上柠檬汁后，美味更是不同凡响。可惜，因是牡蛎，要到冬季才可品尝。自然，吃的时候要配白葡萄酒。遗憾的是，酒单里没有 Muscadet[1]，只好点 Chablis[2]。白葡萄酒配牡蛎，鲜美倍增。如果配啤酒吃牡蛎，那就品味大跌了。

Levante 的午餐，也有大家可以接受的价格餐。菜单里有炸牡蛎饼之类的餐点，如果想去试试，午餐时间是个好机会。

1　Muscadet（密斯卡岱）：白葡萄酒。因其葡萄品种而得名，产自法国卢瓦尔河谷西部，靠近南特市。不甜、略带咸味、酒质坚硬而非尖酸。搭配虾、牡蛎或贻贝类料理，是最传统且标准的酒选。

2　Chablis（夏布利）：是勃艮第北部著名的葡萄种植区，出产果香突出的干白葡萄酒。

Levante

地址：东京都千代田区丸之内 3-5-1

电话：（03）3201-2661

营业时间：平日 11:30–22:30

周六、周日、节假日 11:30–20:30

休息日：年初

的矢牡蛎（三个）1,350日元
炸牡蛎饼（午餐时间）1,000日元
Chablis（瓶）6,300日元

伊势源【鮟鱇锅】

在神田，老店林立，而伊势源更引人注目

神田须田町有很多美食店，没有受到战火的影响。鮟鱇锅的专营店伊势源，就是其中之一。其对面的竹村，是昭和初年创建的年糕红豆汤店，两家皆为东京的著名历史建筑。每到夜晚，华灯绽放，远眺之下，如同穿越到昭和时期的东京，两座古建筑，风情依旧。

小津安二郎导演的代表作，观众间广为传颂的《东京物语》里，尾道和两个老乡，在上野附近料理店的二层，有一段吃饭的场景，让人联想起伊势源的鮟鱇锅。

伊势源在小津的《美食手帖》里，有如此记录：

伊势源——鮟鱇锅

神田须田町一之二须田町下车

神田二五——二二九

伊势源在小津的日记里几处现身。如 1954 年（昭和二十九年）12 月 14 日的日记中：

去理发店　厚田、吉泽、清水来了　带来了伊势源的鮟鱇锅

小津为写剧本，常逗留在茅崎海滨近旁的茅崎馆。因为熟悉，即便不写剧本，小津或是剧作家野田也会经常出入旅馆。剧组的厚田，给他俩带来伊势源的鮟鱇锅，上文说的大致就是这个内容。还有，1956 年（昭和三十一年）12 月 29 日也记有“在伊势源开忘年

会”，后面还留有“林荫道 / 参拜观音”等字迹。小津和厚田等人，吃过鮟鱇锅，心满意足，就从所在地神田去了浅草，给一年做一个终结。再有，1960 年（昭和三十五年）10 月 21 日，拍摄《秋日和》时的一晚，和演员泽村贞子、三宅邦子以及剧组其他人一起去了伊势源。

伊势源是一栋三层的木建筑，房间铺着席子，座位很多。有些客人没有预约就闯了去，但最好还是先预约。要是二三人前往，常会带你上二楼的大房间。桌上有煤气炉，旁边排了几张炕桌。女服务员很快就过来点酒。凡是来这里的，都会点鮟鱇锅，倒不用特意嘱咐。接下来，便是等着上鮟鱇锅吧。

下酒菜有干炸鮟鱇、鱼冻、拌鱼杂、鮟肝刺身。不愧为鮟鱇全席宴。看看周围人，不是吃着下酒菜在等鮟鱇锅，就是用筷子在锅里频频夹鱼吃。这场景，难道不是小津影片里吃饭场景的再现吗？

鮟鱇锅总算登场了。鱼肉、鱼皮、鱼肝、当归、魔芋丝、豆腐、大葱等随锅一起端上。点上煤气炉，等着开锅。咸甜口味，加之什物放在里面一起煮，汤自然稠浓，味道鲜美。咸甜的口感，在其他种类的火锅里是很难尝到的。

唯一不足的是，作为火锅，量比想象的要少，同样的锅子，很多人都会追加鱼肉。因为量实在是太少了，很难让人吃饱。一人份的量，要是能再增加些，就再合适不过了。

随同锅子最后品尝的是菜粥。用鮟鱇锅做的菜粥，真是鲜美异常，不得不夸。

需注意的是，冬季是鮟鱇鱼的旺季，鮟鱇锅也只有从九月到次年六月才做。夏季的伊势源，会有泥鳅锅、鳗鱼，以及其他应季料理，比鮟鱇锅更能增添体力。

伊势源

地址： 东京都千代田区神田须田町 1-11-1

电话：（03）3251-1229

营业时间： 11:30–14:00，17:00–22:00

休息日： 周日（但是十二月～三月中，除岁末年初，均不休息）

鮟鱇锅 3,400日元
干炸鮟鱇 1,100日元
鱼冻 800日元
鮟肝刺身 1,400日元
拌鱼杂 1,000日元
菜粥（带鸡蛋） 600日元

天竹「河豚」

整栋『天竹』，专营河豚料理

松竹总社在筑地，小津的出生地是离此不远的深川，可想而知，他对筑地附近自是了如指掌。

小津在《美食手帖》里，对河豚的名店，留下了这样的内容：

天竹　中央区小田原二之一九

（五四）三八八二

小田原，就是现在的筑地。天竹的位置，就比较容易说明了。总之，在晴海路上的胜鬨桥旁。从银座走过去并不远。

小津去世前，由于颈部病变，一直住在东京医科齿科大学的医院。那是 1963 年（昭和三十八年）的秋天。时值小津刚接受松竹员工的献血。于是，他对摄制组里常任摄影师厚田雄春说，“请大家喝一杯吧”，并递上钱款。厚田带上松竹的员工，去了天竹店。即使在最后的日子，小津仍旧受到众人的敬仰，他对大家也是关爱备至。

天竹创业于明治晚期。掌门从三重县上京，最初在门前仲町开了家天妇罗店。无论是三重县，还是门前仲町，小津和天竹都很有渊源。如此说，是因为小津的原籍虽是松阪，却是出生在门前仲町旁深川一丁目。到十多岁，一直跟父亲住在故乡松阪。

天竹经营河豚，是从二代掌门开始的。二代掌门去了河豚料理的发源地关西，在那里完成厨艺的学习。战前，天竹开在歌舞伎座前，战时被烧毁，搬到了如今的胜鬨桥旁，正式开业。

筑地市场，在日本乃至全世界，以作为美味新鲜鱼类的聚集地而闻名，于是，众多厨艺高手都来此采购食材。要成为优秀的日本料理厨师，必须要在金泽、京都，或是大阪学习厨艺。河豚的发源地，自然是大阪。去黑门市场走一走，你就会一目了然。天竹的二代掌门，在关西掌握了这门绝技。

1997年（平成九年），天竹门店重新翻建，有五层客室，在东京可以说首屈一指。一层到三层，是座席和榻榻米，共有二百来个客位。除年终的周末以外，其他日子无需预约，即可入店。

除河豚什锦锅、虎豚什锦锅、虎豚刺身外，还有炸河豚、河豚鱼冻，以及比鹅肝酱还鲜美的鮟肝（按时令计价）等，菜单上有多到不可胜数的菜名，更备有多种宴席。这里推荐的是筑地宴席。在天竹，想吃河豚全宴，可以挑战一下天竹宴席，或是极品宴席。

河豚料理的正宗吃法是，吃完河豚刺身，接着吃河豚什锦锅。吃的时候，嘴里最好不要掺杂其他味道。河豚淡雅的味道，可以让你在这一天里味觉变得更加纤细。做法是，先把鱼杂放入锅内，煮出汤汁后，放入蔬菜、豆腐，开锅放入河豚，快速涮一下，蘸上带有药味的橙醋，入口十分美味，真是让人叹服的河豚什锦锅。最后，来一碗菜粥收尾。这碗菜粥，也极尽河豚汤汁之鲜美，再好吃不过了。

现在，养殖业繁荣，便宜的河豚可谓常见，而数年前，河豚是作为高级料理才得以一尝的。但在天竹，不管是从前，还是现在，供应的都是又便宜又鲜美的河豚。

在天竹，河豚从下关空运过来，当天烹饪。每到九月末，下关会举行虎豚的首次竞拍。一入十月，暑气尽去，到了吃河豚的好时令。自此至次年三月，在火锅料理中，河豚独霸天下，如此形容，毫不为过。对想吃河豚的人来说，天竹开门迎客，可以轻松入内。

中午，天竹有当日套餐、天妇罗盖饭，以及天妇罗套餐。最早由天妇罗起家的天竹，做天妇罗自是行家里手。在筑地市场购物之后，与其在雨后春笋般层出不穷开张的寿司屋里吃高昂的午餐，不如来天竹，享受价格合理的美餐。

天竹

地址：东京都中央区筑地6-16-6

电话：（03）3541-3881

营业时间：11:30-22:00

休息日：四月~十月的周日，岁末年初

河豚什锦锅 2,800日元
虎豚刺身 4,090日元
筑地宴席 6,500日元
极品宴席 15,750日元（四~五层，包间，需预约）
天妇罗套餐（午餐）840日元

永坂更科布屋太兵卫总店「荞麦面」

宽大的门面，在麻布十番商店街着实醒目

小津安二郎导演喜欢吃荞麦面。在他留下的日记里，没少记录荞麦面店。喜欢荞麦面，是地道的小津风格，因为他爱喝酒。

小津在1937年（昭和十二年）6月24日的日记里，有如下的记录：

午后，池田忠雄来
出去悠闲散步
穿过御殿山，到了大崎
坐车去了永坂的更科荞麦店
晃晃悠悠走去品川

此时的小津，与母亲和弟弟一起住在现在的高轮王子酒店后面。这年九月，小津被征召前往中国战场。也许是偶然吧，这栋房子之后借给了多次出演小津电影的三宅邦子。而池田忠雄，在中村屋一篇介绍过，是位有名的剧作家，和小津一起完成了多部剧本。

1954年（昭和二十九年）9月13日的日记中记录道：

台风十二号来了　乌云疾卷　回家
儿井和大桥来　要了一份永坂的荞麦面

小津手帖中所说的“永坂”，即现今尚存的麻布永坂町。宽政年初期（1789年），第一代掌门人布屋太兵卫，在这里挂起了“更科荞麦面”的招牌。永坂更科总社庞大的建筑就在那里，巨大的石碑宛如诉说着直到战前的更科经营历史。此处是小津住在高轮时常常光顾之地。

现在的更科荞麦店，从总店过去五分钟的路程，在麻布十番商店街已亮出招牌。门口右手边，悬着一块古色斑斓、庄重端正的看板，上面写着“麻布永坂总店　信州更科荞麦面 布屋太兵卫”。一般来说，荞麦店老字号即使建筑翻新，店内装饰也会昏暗一些。神田神保町的出云荞麦店便是如此，上野池之端莲玉庵也如此。而麻布十番永坂更科布屋太兵卫店内的装潢，从桌子、墙壁到屋顶，无不清净明亮。可以这么说，翻新的六本木新城，与活力四射的麻布十番倒是极为匹配。

在永坂更科布屋太兵卫，可以吃到“太兵卫荞麦面”、“御前荞麦面”、“生打荞麦面”、“抹茶荞麦面”四种。此店主打的荞麦面，是“太兵卫荞麦面”。它用的荞麦粉，八成用石磨研磨，细腻柔滑。“御前荞麦面”，仅用荞麦芯，磨出的粉，纯白上乘，看上去和吃入口，感觉都极佳。“生打荞麦面”的荞麦粉，百分百用石磨研磨。而“抹茶荞麦面”则是掺入了抹茶，色泽浓郁，清香溢口。综上所述，永坂更科布屋太兵卫，以“太兵卫荞麦面”领衔，备有多个品种。因荞麦就有上述四种，延展出的面食自然更为丰富，例如天妇罗荞麦面。说起来，点“太兵卫荞麦面”系列里的天妇罗荞麦面的人好像更多，当然，也是有人点天妇罗御前荞麦面，或天妇罗生打荞麦面的。

永坂更科布屋太兵卫还有另外一大特点。他们在蘸荞麦面的汁上，下了一番功夫，这里的荞麦面汁有两款。点荞麦面，会端上来甜汁和咸汁。怕咸的人，这下解脱了。

在永坂更科布屋太兵卫，荞麦面不光有冷的，温热的也一样好吃。什锦荞麦面、炸什锦荞麦面、鸭南蛮[1]荞麦面，各式各样，不仅味道好，卖相也不错，定要尝一下。顺带一提，除鸡蛋卷、鱼糕片这类的下酒菜，还有熏鸭肉、烤鸡肉串等单点下酒菜。喜欢荞麦面，更喜欢喝酒的人，在永坂更科布屋太兵卫，一定能吃得充实，喝得高兴。

1　鸭南蛮：日本的一种面类。碗里放上鸭肉和大葱，浇上热汤，属季节荞麦面的一种。这里的南蛮，是指大葱。

本宗永坂更科布屋太兵卫

地址：东京都港区麻布十番 1-8-7

电话：（03）3585-1676

营业时间：11:00–21:30

休息日：一月头三天

太兵卫荞麦面	860日元
御前荞麦面	860日元
生打荞麦面	860日元
抹茶荞麦面	960日元
天妇罗荞麦面	1,830日元

笹乃雪［豆富料理］

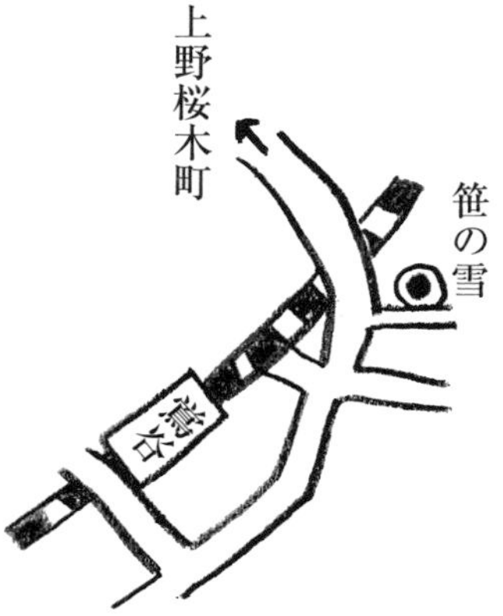

『笹乃雪』是东京少有的豆腐料理专营店

战后的小津安二郎导演，总会起用同一演员出镜，题材涉及最多的，当属女儿出嫁。《彼岸花》《秋刀鱼之味》等片上映后，小津曾受到指责，他回击道："豆腐店自然是做豆腐的。充其量再做点儿油炸豆腐、炸豆腐丸子。"

以豆腐店自居的小津，在他的《美食手帖》里，附带图绘，记录了笹乃雪豆腐店的信息。从 JR 线莺谷站北口出来，走过去只需两三分钟。京都的豆腐专营店有很多，也许是跟水质好有关吧。比如南禅寺附近的奥丹、顺正。而东京，只做豆腐的店铺却很少。为数不多的豆腐店里，这里就介绍其中一家。

笹乃雪
台东区上根岸六七
乘都电，坂本二丁目下车
电话：根岸　八七—三〇七〇

北口直走，穿过言问路，往尾竹桥路方向走，可以看到过街天桥。横贯着过街天桥，根岸小学和笹乃雪相对而建，店面的位置一目了然。店门口，丛云色细竹，以及伫立着一块巨大石碑。石碑上，有住在附近的正冈子规[1]亲笔题写的对句。

1　正冈子规（1867—1902）：日本歌人、俳人，国语研究家。涉猎俳句、短歌、新体诗、小说、评论、随笔等多方面文体，对日本近代文学有极大影响，为明治时期代表文学家之一。

水无月[1]　　根岸清凉　　笹乃雪
牵牛花[2]　　朝市逍遥[3]　　笹乃雪

从1894年（明治二十七年）到1902年去世，子规一直住在根岸。他的居所雅称为子规庵，离笹乃雪五分钟的路程。据说，森鸥外、夏目漱石都曾光临过。子规庵对面是台东区立书道博物馆，有时会展出一些名家书法。

进到店里，引入大门旁可容二十五人的大堂。透过玻璃，庭院中浩荡的水势映入眼帘。池中锦鲤、金鱼悠然畅游。此情此景，怎能不让人食兴大增。笹乃雪设有单间和宴会厅，寥寥数人前往，一般都在厅中合坐用膳。

单间中，准备的“豆富料理”有“吴竹之里”“根岸之里”“子规之里”。在厅房可以吃到的套餐是“莺御膳”“朝颜[4]御膳”“初音[5]御膳”。虽说是套餐，但无法与法餐相提并论，价格也比较便宜。笹乃雪套餐里最负盛名的是“绢豆富脑”“芝麻豆富”“豆富茶泡饭（豆富盖饭）”“豆富冰激凌”。无论点哪种套餐，笹乃雪的“豆富料理”都让你赞不绝口。套餐不同，内容也不同，但全都是用豆腐做的，对平时爱多喝两杯、喜吃肉的人，这里的饮食是再健康不过了。

1　水无月：阴历六月。
2　牵牛花：正冈子规喜欢牵牛花。
3　朝市逍遥：笹乃雪附近有牵牛花市场。这句诗描述从牵牛花市场归来的人，早早地来到笹乃雪，就着“绢豆富脑”喝着酒；客人买来的牵牛花，一盆盆摆在房檐下。
4　朝颜：牵牛花。
5　初音：初唱，初啼。特指鸟类在季节之初的啼啭，犹指黄莺。

再者，笹乃雪的日文汉字“豆腐”，特意写成“豆富”。因“腐”字不宜用于食物，改用“富”字，取富于养分之意。

套餐中的前菜，有拌“菜豆富”、小菜、“生豆富”，还有笹乃雪的名菜“绢豆富脑”。凝脂般的“绢豆富”，本身堪称美味，更何况浇上酱油味的卤汁。

但是，同样的“绢豆富”，一下上来两份，瞬间不明所以。其中的奥秘是，元禄时代，上野的“宫”殿下来店，吃了“绢豆富脑”，觉得异常美味，吩咐以后要同时上两碗。此后，“绢豆富脑”遂成两碗一套，形成惯例。如此说也就明白了吧，笹乃雪创业在元禄年间（1688—1704），是有着三百年历史的豆腐料理老店。

笹乃雪除那些可以让人夸耀的套餐外，还有“豆富锅”套餐。

笹乃雪

地址：东京都台东区根岸2-15-10

电话：（03）3873-1145

营业时间：11:30-19:30（最后点餐时间）

休息日：周一（周一如遇节假日，改为周二休息）

莺御膳 2,000日元（周二~周五，营业到下午两点）

朝颜御膳 2,600日元

初音御膳 3,500日元

子规之里 6,500日元

吴竹之里 4,500日元

豆富锅套餐 2,600日元

银之塔［焖菜］

『银之塔』门前可爱的暖帘，让人过目不忘

日式焖菜的名店，在东银座有一家，开在歌舞伎座附近，名为银之塔。此店在小津遗留下的《美食手帖》中首次提到，应该是在20 世纪 50 年代后半期，那时银之塔已在现在的地址营业。

▲银之塔 赤坂一木街地藏内

三明治

【平井】中央区东四之五

五四—六三九五

朝松竹中心方向走，到哥伦比亚左拐，路左侧

小津在《美食手帖》里，用繁复的曲线做了记录，好似银之塔搬迁了一样。

当时平井的电话号码“六三九五”，与现在银之塔的电话号码相同。依此判断，原先在赤坂的银之塔好像变为了平井，而平井不知何时，成了现在的银之塔。事实到底是怎样呢？

坐地铁日比谷线在东银座下车，穿过正在改建的歌舞伎座，往晴海方向走。按小津手帖中所示，从歌舞伎座第一个路口“往左拐”，再往前走，就可以看到，蓝地儿暖帘上画着两只鸭子，设计俏皮可爱。从车站过来，用不了五分钟。那就是我们的目的地银之塔。拐弯处，有家七十七银行，旁边立着一块银之塔的小指路牌。1945 年（昭和二十年）3 月，东京空袭时烧毁的仓库，后改造为银之塔。它共有三层，从外面看不起眼，但里面很大。座位很多，两三人不需预约即

可前往。客人不多时，进来后，就会带你到门口旁的小间用餐。

银之塔的经典菜单，只有红焖八宝、红焖牛肉、红焖素什锦，以及奶油杂拌。红焖八宝，是把牛肉和牛舌放在一起红焖，是最受欢迎的一道菜。菜食主义者在此便有向隅之感，这里是红焖八宝和红焖牛肉的天下。

首先端上来的是装在小碗、小碟子里的三种腌菜。点完菜，后厨会按一人份准备一锅炖烂的焖菜，炖煮还是比较花时间的。待焖菜端上来，伸筷之前，先用啤酒或葡萄酒润润喉，稍等片刻。

焖菜端上来的时候，会同时送上一碗米饭。牛肉和牛舌，炖得如此之软，有入口即化之感。土豆和胡萝卜，也炖得恰到好处。一般说来，西餐里红焖牛肉通常很难品出红酒味道，银之塔的红焖菜也有这个特点。但配上白米饭，就有种说不清的，非常日式焖菜的味道。究其原因，要说是因为紧邻歌舞伎座才有这份感觉的话，是否想得太多了呢。

歌舞伎演出的时间很长，小津《美食手帖》里写道，很多戏迷，会吃了辨松[1]便当里的“酱烧章鱼”后，去欣赏歌舞伎。但散场后，空腹的人，去银之塔来一份焖菜，不失为上佳选择。听说店里的老客，以歌舞伎演员和女客居多，也就不足为怪了。米饭可以添加，饭量大的人，毋需多虑。况且焖菜也可点大份。

另外，京都也有家银之塔。位置在祇园町南侧，花见小路和大和大路中间，在面向四条的建筑物上之二楼。听说经营者曾在东银

1　辨松：是歌舞伎座前的高级便当店。

座的银之塔完成厨艺的学习。总之，和在歌舞伎座一样，在南座[1]观剧后，步行三分钟，到祇园的银之塔，同样也可以吃到一份红焖牛肉。

1　南座：正式名称为“京都四条南座”。1603年（庆长八年）春，出云阿国在京都四条河原町创立阿国歌舞伎，视为是歌舞伎的起源。歌舞伎在此发祥，演出已历四百年，为日本历史最悠久的传统剧场。现在也以歌舞伎为主，例行公演。

银之塔

地址：东京都中央区银座 4-13-6

电话：（03）3541-6395

营业时间：11:30-21:00

休息日：年中无休（岁末年初除外）

红焖八宝　2,500日元

红焖牛肉　2,500日元

红焖素什锦　2,500日元

奶油杂拌　1,800日元

美浓家【樱花锅】

上下图：主打樱花肉的『美浓家』看板，老店风韵犹存

小津安二郎导演从出生到少年时，都生活在深川。

都营地铁大江户线至今还在运行，从深川到森下，步行就可以到。在森下，有一家涮肉名店，美浓家。要举朴实无华的庶民料理店，当属美浓家了。

所谓樱花，是用来形容马肉的，肉色美如樱花，才得此美称。马肉店的看板，多用樱花来点缀，美浓家亦是如此。

森下町——美浓屋　　　樱花

小津的《美食手帖》里，对美浓家也不例外地用“樱花”来喻。

美浓家是间典型的大食堂型料理店。推开店面，男接待员就会递给你一块木牌。一楼、二楼，宽敞得可以坐下四十来人。长长的桌上，摆放了一排排煤气炉。特别是二楼的房间，齐刷刷摆了两溜长桌。一过下午六点，客人接踵而至，对号入座，在煤气炉前饕餮而食樱花肉的场景，堪称壮观。庶民的朴实氛围，表里如一，栩栩如生。

菜单极为简单。给大家介绍一下美浓家的樱花肉料理：

樱花锅

樱花锅（里脊肉、精肉）

猪肉锅

烤肉串

腌马肉

烤油串

简单说来，樱花锅就是把马肉切小后涮锅吃。有一成的人，会点里脊和精肉做的樱花锅，的确很好吃。猪肉锅，涮的自然是猪肉。如果两个人去，可以各要一份里脊和精肉的樱花锅，也可共要一份樱花锅，再来一份猪肉锅。

啤酒喝下去，不一会儿，点好的肉就端上来了。锅子的把手，刻有美浓家的字样。樱花肉上，还点缀了好吃的八丁味噌[1]。此外，桌上还会放上装在小盘子里的葱、面筋、魔芋丝，以及生鸡蛋。樱花锅和普通火锅一样，烧好的肉和葱，要在打好的生鸡蛋里蘸一下吃。和牛肉火锅比，吃法完全相同。八丁味噌，用佐料和水调开，煮好的樱花肉和葱蘸了即可吃，关键是涮肉时间不宜过长。

吃马肉蘸味噌，是好吃的秘诀。明治时代开始，吃牛肉就用味噌来提味。同理，吃樱花肉蘸味噌也延续至今。

菜单里的烤肉串，是指用马肉做的肉串。烤油串，是把马肉的油脂部分，像烤肉串一样切片串起，盘子里盛的是白白的油串。但口感上，又不像猪油那样油腻。吃法和烤马肉串一样，蘸上生姜和酱油就可以。美浓家二楼，挂着古今亭志生[2]送的暖帘，浓浓的江户

1　八丁味噌：爱知县生产的一种豆类味噌，颜色呈红褐色。仅用大豆和盐，发酵两夏两冬。味道上，浓缩了大豆的原味，口味浓厚，稍带些酸、涩、苦，以风味独特著称。八丁味噌比普通味噌要咸，因水分少，较硬。

2　古今亭志生（1890—1973）：明治后期到昭和时代，活跃在东京的单口相声名家。

庶民风情，至今犹存。这样的料理屋，在关西应该并不罕见。很多人不知道，美浓家一层最里面，有一间用黄花松板镶嵌的独特房间。要想在此用膳，需要预约，房间可容五六人，奢侈一下可点马肉全席。而且更显豪华的是，吃樱花锅用的锅，系纯银打造。有兴趣的人，可以约齐人数，挑战一番。

美浓家普通客饭，价格适中。吃一下马肉串就可以感觉出，马肉与牛肉、猪肉相比，完全没有特别的膻味。没有吃过樱花锅，不要对马肉有成见，不妨尝试一次。来这里的女客也不少。吃过美浓家的樱花锅，即使不像小津那样喜爱，多数人也会喜欢这里的氛围和吃法。

美浓家

地址：东京都江东区森下 2-19-9

电话：（03）3631-8298

营业时间：12:00-14:00，16:00-21:00

周日、节假日 12:00-21:00

休息日：周四，又，五月～十月里每月第三个星期三也休息

樱花锅 1,800日元

樱花锅（里脊肉、精肉） 2,000日元

猪肉锅 1,800日元

烤肉串 1,800日元

烤油串 1,500日元

煎蛋卷 500日元

马肉全席（特别客室） 9,000日元

尾花［鳗鱼］

『尾花』的店面，如同鳗鱼一样，同属男性特质，暖帘上大胆的设计，很吸引眼球

小津安二郎导演的大爱之物是鳗鱼。东京众多的鳗鱼名店里，小津对尾花店的鳗鱼，情有独钟。他留下的《美食手帖》，记载虽很简略，却两次提到了尾花。

一年过去了，最后一天的跨年夜，小津会不顾路远迢迢，从北镰仓跑来，和剧组人员一起，到尾花来吃鳗鱼。一年当中最后一天都想到要吃鳗鱼，可见小津对鳗鱼的不忘情义，对尾花的看重更是毋庸置疑。

比如说，1954 年（昭和二十九年）12 月 31 日的日记中，有如下记录：

儿井、阿部来了　和秀行、山内赴东京　去尾花
富二、厚田、吉泽、茂女、高顺、山内共七人

最后写的山内，是指制片人山内静夫，小津对他十分尊敬，他是小津喜欢的小说家里见弴的公子。和小津去尾花的事，山内在追忆中写道：

新年前夜的年夜饭，用鳗鱼代替荞麦面，应该也是从这个时候开始的。他还辩解说，既然非要吃又细又长的面，不如让自己更强壮地生存下去，于是新年前一天傍晚，先生带着差不多十二三人进京，直奔千住的“尾花”店。此店的烤鳗鱼，看上去就有那么一股霸气，若非深嗜笃好，光是看看就会觉得腻。

从小津现存的日记来看，1954年到1958年的12月31日，小津一行都去了尾花。但1957年的日记已佚，只能想当然。再者，1953年12月的日记也已失落，这一年的大年夜，小津也有可能去了尾花。

住在山手，要去南千住的尾花，是相当花时间的。不得不说一下，尾花也有它不方便的地方。无论什么时候去，那里总是客满。由此可见尾花名气之大，人尽皆知。

地铁从日比谷线三之轮站开出，就开上地面，接近南千住站时，左手窗外即可看到尾花。尾花就在日比谷线南千住站过去三分钟左右的路程。沿路走过去，鼻子尖的人，马上就可以闻到鳗鱼的味道。

走到近旁，就可以看到右手边的神社，而左侧，即刻看到暖帘上写着笔画有力的尾花两字。掀起暖帘进到店内，就是一间明亮的大厅，可容五十余人。在尾花，小津一行，总是点上一整条鳗鱼来烤，还要点上鳗鱼饭[1]。而尾花的人气料理——鳗鱼盖饭也不错。菜单上只写鳗鱼饭，而鳗鱼饭的“中号”，其实是在一个大大的黑色圆形器皿里装着的鳗鱼盖饭。

在尾花，下单后到鳗鱼烤好，需等三十分钟。这里的鳗鱼是用纪州木炭专门烤制。透过大大的玻璃窗，可以看到厨房里十来位厨师忙碌的身影，劳动的身影和席上的客人，无疑形成了一体。端菜的女服务员，动作麻利，活力十足。临近三伏，生意开始繁忙，在店外排队等候，不足为奇。等候的同时即可点菜，可以缩短等菜的时间。

1 鳗鱼饭和鳗鱼盖饭的区别，在于盛鳗鱼的器皿不同。鳗鱼饭装在方形木盒里，盒子上会有一些图绘，予人一种高级感，价格略高。而鳗鱼盖饭，多用大海碗来装。

尾花的鳗鱼饭，无论佐料的味道，还是米饭的硬度，都做得恰到好处。鳗鱼肉质厚实，口感着实不错。和市中心的鳗鱼店相比，尾花的鳗鱼当属男性特质。点好鳗鱼，接单处理，直到鳗鱼饭端上桌，要花一段时间。这时，可点些鳗鱼蛋卷、醋拌鳗鱼黄瓜，上得很快，从中也可知道尾花的实力。当然炎夏，啤酒配煮毛豆也是不错之选。口袋里银子富裕的时候，一定要点一个素烤鳗鱼，肉质丰满，口感清淡，是别家鳗鱼店无法比肩的，真正堪称美味。

在尾花，当天的鳗鱼卖完，即打烊关店，因此晚上六点前左右进店比较保险。

尾花

地址：东京都荒川区南千住 5-33-1

电话：（03）3801-4670

营业时间：11:30-13:30、16:00-19:30

周六、周日 11:30-19:30

休息日：周一

鳗鱼饭（鳗鱼盖饭）3,500日元

鳗鱼肝清汤 350日元

素烤鳗鱼 3,300日元

醋拌鳗鱼黄瓜 1,500日元

鳗鱼蛋卷 1,800日元

多幸银座八丁目店「关东煮」

在银座品尝到平民食品关东煮，令人高兴

小津安二郎导演，大概喜欢关东煮吧？在他电影里，拉面店、猪排店频频出镜，可都比不上关东煮出现的多。

《东京物语》中，笠智众、东野英治郎在关东煮店里，有酒醉吐真言一场戏。从故事情节来看，地点应该是在上野或浅草一带。片中，是一间叫“加代”的店，樱睦子饰演老板娘。

在他拍摄的下一部电影《早春》中，主人公妻子（淡岛千景）的娘家就是做关东煮的。店的名字为“喜多川”，在荏原中延一带。浦边粂子饰演老板娘。虽然小津电影中，关东煮的店多用“多喜川”的名字，例如电影《晚春》（1949 年）和《麦秋》（1951 年）。

而《早春》之后，次年公映的《东京暮色》中，出现的是开在五反田的一间小小的关东煮店。店名为“多福”，电影中一直忙碌着的，是一位中年大叔，由山田五十铃饰演。如此看来，小津在接连三部作品中，都有关东煮的场景亮相。

小津最后一部写到关东煮登场的作品，是以东京郊外新兴住宅区为背景的电影《早安》（1959 年）。这部影片中，关东煮店名叫作“浮世”，开在车站前的小商店街。樱睦子在其中饰演老板娘。场景中，有一组两位推销员在“浮世”喝酒的镜头。推销员分别由殿山泰司和佐竹明夫饰演，两人边喝烧酒，边讨论着自行车赛的新闻，预测着明天的赛事。不一会儿，佐竹跟樱睦子说，“来份儿关东煮，要鱼糕，”过了一会儿又加了一句：“再来份儿魔芋，要浸味儿的。”

关东煮和拉面一样，是平民百姓的便餐，喝着酒，消磨时间，比拉面店要方便得多。小津电影中频频出现关东煮的画面，大概有这一层考虑。

叙述了如此多的关东煮，可见小津对多幸关东煮店有多中意。日记里也记有去过银座的多幸店。多幸店在茅场町和新宿等地也有分店，银座店系指多幸银座八丁目店。唯美主义者永井荷风的私人日记中，也写到此店，它是 1923 年（大正十二年）在银座开的张，真可谓老店中的老店。实际上，关东煮的名店，在银座就开了不少，泡沫经济的崩溃，一些外资品牌乘虚而入，有些关东煮的店，不知不觉渐渐淡出。即便如此，多幸银座八丁目店直至 21 世纪的今天，依旧繁荣兴盛。

多幸银座八丁目店，开在银座八丁目並木路上。比起小津电影里描绘的关东煮店，这家确实漂亮多了。从银座站或新桥站下车，走过去都只有三四分钟路，轻轻松松就可以进到这家一流的关东煮店用膳。店里设有三层的座席，一过晚上六点，立马挤满了人。尤其到了七八点，更是人声嘈杂，能否抢到一位，全凭运气。

这里的品种超过三十种。便宜的魔芋、炸豆腐丸子，也就二百日元；牛筋之类的，也贵不过五百日元。鱼肉饼，入口即化，这是一定要尝一尝的。五百日元的价格，也许你会觉得贵，但肯定物有所值。这里用的鱼肉饼，是日本桥室町的一家鱼糕老字号“神茂”做的。小津在《美食手帖》中，特意注明“神茂—日本桥室町一之一四”。

在多幸银座八丁目店，最后一道菜，建议尝一下茶泡饭配咸菜。在这里，吃得酒足饭饱，算下来一人不过三千日元左右。当然，这里的关东煮，比之路边摊儿或便利店卖的，是要贵出不少，但要知道，这是在金贵的银座，而且是关东煮的老字号，吃到正宗的关东煮，那种小小的得意，只有到这儿才能体会。关西来的各位，要想体验正宗关东煮的味道，一定要光顾多幸银座八丁目店才是。

要想送人，花上两千日元，可把关东煮装进红色罐子带回去，很方便。另外，这里还有烤鱼一类的千元套餐。若是荷包充裕，刺身、海参肠一类的小料理店里常有的菜品，这里也有。喝酒的客人，在多幸可以享受一段美好的时光。

店面很干净，服务员动作麻利，真是一家舒服的关东煮店。

多幸银座八丁目店

地址：东京都中央区银座 8-6-19

电话：（03）3571-0751

营业时间：17:00- 次日 00:30

周六 16:00-22:30　节假日 16:00-22:00

休息日：周日（十二月的第一、第三个周日正常营业）

一人份（四种）950日元

单品 200日元（魔芋、炸豆腐丸子等）~500日元（鱼肉饼、牛筋）

茶泡饭 210日元

礼品装（两人份起送）2,000日元~5,000日元

京桥 Mortier［西餐］

氛围轻松的西餐厅『京桥 Mortier』大门

无论怎么说，在餐饮方面，小津安二郎导演当属日料派。但在他的《美食手帖》里，也记录了昭和三十年代，在东京比较有人气的几家西餐店。当然，其中有些店，老店犹存，至今声威不减当年，而有些店已然销声匿迹。

▲西餐

津津井—中央区新川一丁目　　　　下车

马赛海鲜锅，法式料理

电话：五五—九七五九

Scott—浜町中之桥
四季里—人形町

石川亭—道玄坂上　　　牛排
二叶亭—涩谷神宫通
泰明轩—江户桥一之四

龙土轩 麻布新龙土町一二
西式焖菜　　　龙土町下车

津津井和泰明轩，已经从小津手帖所记地址迁移，名声在外，仍旧生意兴隆。特别是泰明轩，更是大获成功，名字改为“たいめいけん”[1]后，在崭新的Coredo[2]日本桥（旧白木屋）后街，开了间大大的店铺，在那里能吃到各种西餐美食。津津井做马赛海鲜锅，何不另来一道普罗旺斯鱼汤。

再者，《美食手帖》里没有记录，但在他日记里记下的一家饭店，是创业于1885年（明治十八年）的中央亭，可称为是进口食品的先驱，地处京桥明治屋。例如，1933年（昭和八年）6月13日的日记中写道：“目黑的叔叔、叔母，在明治屋的中央亭，请了我和母亲两人。”

1　**たいめいけん**：泰明轩的日语假名写法。
2　Coredo：位于东京都中央区日本桥地区，在三井不动产复合式大楼里设置的一系列商业设施。聚衣、食、住、游等各方面产品，提倡 Only One 式的个性特色店铺。

这一年，明治屋大楼刚刚建成，开业没过多久，小津和母亲在这家餐厅受到了款待。如此看来，中央亭在当时，必定曾轰动一时。所幸后来的战乱未殃及此楼。

昭和初期写的一本美食书里，对中央亭有过这样的介绍：

> 中央亭在最早销售麒麟啤酒的明治屋大楼里。入口处即一部新式电梯，若用飞燕号列车[1]来比拟，那种极速上下的感觉，让人欢欣无比。餐厅里明亮光洁，大河对岸，是洲崎机场，穿梭往来的飞机，好似伸手可及。天气晴朗之时，可以远眺房州[2]。料理无可挑剔，味道和服务，都完美无憾。

由此可知，中央亭曾在明治屋的楼上。小津 1935 年（昭和十年）10 月 25 日的日记里写道："六点，在日本桥明治屋七层的中央亭，参加第一银行举办的小型摄影联谊会。"因工作关系，小津喜欢拍照。

由明治屋经营的中央亭，现在改名为"京桥 Mortier"。"Mortier"是法国葡萄酒的牌子。京桥 Mortier 的工作人员称，正确的店名应是"中央亭京桥 Mortier"。

店名改为京桥 Mortier 后，店面搬到明治屋大楼的地下，和地铁银座线的京桥站相连，因交通便利，价格适中，无论何时总是人

1　飞燕号列车：1930 年（昭和五年）10 月开始运营，从东京开往神户之间的超特急列车。由于缩短了到达时间，是日本快速列车的代表。

2　房州：安房（**あわ**）国的别称，现在千叶县的南部。为古代日本分国之一。又称南总。

声鼎沸。去近旁东京国立近代美术馆的影院看完电影，进到京桥Mortier，来一杯啤酒，浸润在追思昭和时代西餐馆的氛围中。

京桥 Mortier 的菜单，是典型的昭和式西餐。黄油烤马哈鱼、油炸仙贝、炖牛肉、煎牛排、各式咖喱饭、意大利面条等。此外，想要简餐的客人，可以吃到三明治和沙拉，汤自然不会少。其中，人气最旺的，当属黄金汉堡牛肉饼。厚厚的肉饼，中心挖去一个圈，将半熟的鸡蛋盖在上面。要点是，鸡蛋要蘸着肉饼上的多蜜汁一起吃。和蔼的服务生透露说，黄金肉饼的做法是，待肉饼半熟，挖去中心部位，打上一个鸡蛋，再烧烤而成。

京桥Mortier

地址：东京都中央区京桥 2-2-8B1F

电话：（03）3274-3891

营业时间：11:00-22:00

休息日：周日、节假日

黄金汉堡牛肉饼 1,050日元

并木薮系荞麦面「荞麦面」

荞麦达人的圣地，「并木薮系荞麦面」的门面

东京的荞麦店，有薮系、长寿庵系、更科系，以及砂场系等几个派别。店名里如标出其中之一的派系，那作为荞麦店，档次就非比寻常了。日本文化的体现方式，在此可见一斑，实是名家流派的一张“招牌”。

至于薮系，池之端仲町通的池之端薮系荞麦面、上野二丁目的上野薮系荞麦面总店、神田须田町的神田薮系荞麦面、日本桥浜町的浜町薮系荞麦面等，东京的荞麦面店，不乏佼佼者。而在雷门后面，笔直向前，宽阔的并木通右手，也有那么一家薮系名店。

因店面设在并木通，店名自然也就成为“并木薮系荞麦面”。在浅草众多的荞麦面店里，它被视为荞麦面店里的佼佼者。这是小津安二郎导演最爱的荞麦店之一。拍摄外景的间歇，或是除夕，小津会特意跑来浅草，顺道转进这间并木薮系荞麦面店。1955 年（昭和三十年）9 月 22 的日记中写道：

> 出京拍摄外景　新丸大厦　浅草仁丹广告塔——并木荞麦面——与淡岛同行　浜松屋

这是小津拍摄《早春》时的事。看了电影，你会从新丸大厦（之后就没了），或是浅草的仁丹广告塔，感受到小津独特的镜头感。不消说，此处所记的淡岛，是淡岛千景，在电影《早春》里，饰演在丸之内上班的主人公，小职员池部良的妻子。

1959 年（昭和三十四年）1 月 1 日的日记中，写有如下内容：

尾花　薮系　新开花[1]　之后贝雷帽

与横山 山口　山内　搭乘铃木的车　元旦归宅

本书讲到鳗鱼料理名店“尾花”时提到过，那个时期，小津会带上剧组老搭档，去南千住的尾花吃鳗鱼。作为除夕夜的活动，一行人会去浅草寺，而且在并木薮系荞麦面店吃除夕荞麦面，直至清晨归宅。小津会回到母亲等待他的北镰仓。

并木薮系荞麦面店，虽也是创建于1913年（大正二年）的百年老店，却并无让人惊奇的历史。但店面很有品味，进店之前你就会确信，只有这类店，才能做出美味的荞麦面。座席有十五张，榻榻米座席也十五张。这还得挤着坐，实际上有二十来人，已感觉到满位了。

到并木薮系荞麦面店不得不点的，当然是荞麦面[2]。一份价格不贵，但量少，除非饭量小，否则需要点两份。荞麦面盛在一个小得都会翻个儿的圆竹笸上端出来，而面上该有的海苔丝却没有。这恰恰是并木薮系荞麦面店的特色。要想吃带海苔丝的面，可以点“海苔荞麦”。

当然，荞麦面要控过水才好吃。细细的面条，韧度适当，吃在嘴里，恰到好处。荞麦面，给人感觉是属于女性的美食。荞麦面的汁，极符合江户人的口味，稍有些咸，但又没有神田须田町神田屋的荞麦面那么咸。

1　新开花：在东京神田明神下的高档怀石料理。

2　荞麦面：此处指盛在笼屉上蘸汁吃的荞麦面。

在这儿，你一定很想尝一下天妇罗荞麦面。并木的天妇罗荞麦面，和有些放了条特大虾还为此扬扬得意的店里做法不同，这里放的是小块的天妇罗，可以一口吃下去。汤汁也是热的。由此可见，并木薮系荞麦面店，品味不凡，并没因为是老字号，摆出一副傲慢不逊的样子。一眼可知，这里的荞麦面是踏踏实实下功夫做出来的。推荐的另一款是仅限冬季才供应的鸭南蛮。寒冷的冬季，更让你切实感到美味。

上荞麦面时，一起会端来一碗满满的荞麦汤，汤汤水水，让人欢心。最近常听到“来碗面汤”，不点不送汤的荞麦店，不在少数。此外，在并木薮系荞麦面店工作的年长女性很多，动作利落，口碑都很好。

并木薮系荞麦面

地址：东京都台东区雷门2-11-9

电话：（03）3841-1340

营业时间：11:00-19:30

休息日：周四

荞麦面　700日元
海苔荞麦面　850日元
天妇罗荞麦面　1,700日元
鸭南蛮　1,800日元

羽二重团子【团子串】

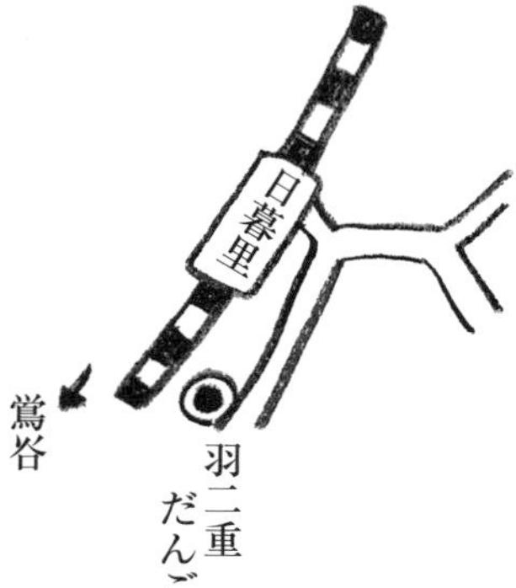

到了根岸，一定要来『羽二重团子店』

既然之前介绍了根岸附近的老字号笹乃雪，羽二重团子店也不宜漏掉。因正冈子规、夏目漱石、泉镜花等文学家都光顾过这里，因而名噪一时。

小津安二郎导演遗留的《美食手帖》里，也记载了羽二重团子店。如同笹乃雪一样，附有地图，写了如下的文字：

羽二重团子

荒川区日暮里町四之一一三七

日暮里东口下车　二丁

正如小津所写，在 JR 日暮里站或是京成日暮里站下车，往 JR 莺谷站方向走四五分钟，羽二重团子店巨大的招牌便迎面而来。再往前走五六分钟，便是笹乃雪。

店面建筑与小津去的时代有所不同，已经翻新过，但即便如此，因是专卖团子的，所以还是给人以历史悠久的和果子店的印象。

茶饮室有七张四人座的桌子，榻榻米室也摆有桌子。中庭池里养着锦鲤，可以坐下喝茶。春季或逢秋季好天气，坐在池旁，看着锦鲤，品尝着团子，无比惬意。

菜单极其简单，只有两种：煎茶和团子的组合，或是抹茶和团子的组合。这里的名产团子，只有豆沙馅和烤团子两种选项，多数人会豆沙馅和烤团子各选一种。

羽二重团子店门前，竖有一块大牌子，上书“团子的由来”，开头引用子规的俳句：“芋坂[1]，团子，皆缘于月”，说明团子的由来。文中提到的文政二年，指的是公元1819年。

江户文化（1804—1818）的鼎盛时期，在文化、文政（1818—1829）两朝遥远的荒川，风光无限。近旁的日暮里，音无川细水淙淙，根岸恬静雅致，可以听到三弦的低吟，恍如置身尘外。文政二年，小店第一代掌门庄五郎，在音无川旁的芋坂，开设“藤家木茶屋”，向街上往来路人提供团子。

团子肌理细嫩，堪比光泽雅致的绢织物羽二重，因而得名。不知何时，商号也更名为“羽二重团子”。创业以来，恪守江户风味，保留旧时遗风，一直延续至今。

羽二重团子店的团子，并非通常团子的形状，也就是说并非是圆形球状。而是又大又厚，像硬币一样的扁平形。原料细腻，美味可口。和煎茶的组合，一串四个团子，看上去就很亮眼。如觉得两串太多，客人可选抹茶组合。这个组合一串只两个团子。

对羽二重团子赞不绝口的人，可以买了带回去作为礼物送人。

店门口的橱窗里，摆放着大小各异的礼盒样品。买去做礼品的话，可以按根数来买，非常方便。如自家食用，可包在木纸盒里，价钱更便宜。

最后，再介绍一下正冈子规的一首俳句。他即使身卧病榻，还

1　芋坂：东京地名。所属范围从台东区谷中七丁目到荒川区东日暮里五丁目。

舍弃不下最喜爱的羽二重团子。当时正值明治中期，子规住在根岸。现在的店里，生意兴隆门庭若市。而当年的羽二重团子店，食客也座无虚席。

芋坂的团子卖店，揉团子者，吃团子者，繁盛兴旺。

吃过团子，往山手线方向走，可以去到宽阔的谷中陵园散步[1]，不失为一种逸趣。

1 谷中陵园：一个日本的公园化墓地，为都立墓地，占地 10 万平方米，墓穴 7,000 座。因有众多名人安葬于此，又因每年四月园中樱花盛开，而成观光景点。葬于此处的名人，包括德川幕府第十五代将军德川庆喜，前日本首相鸠山一郎，日本植物学之父牧野富太郎等。

羽二重团子

地址：东京都荒川区东日暮里 5-54-3

电话：（03）3891-2924

营业时间：10:00–17:00

休息日：全年无休

一人份 · 一盘两串（豆沙馅、烤团子各一串，或是同种类两串）带壶中煎茶 525日元

抹茶组合（抹茶，两颗豆沙馅 · 两颗烤团子）683日元

礼品装团子 木纸盒装 一串 263日元起

厚纸盒装 两串 578日元起

塑料盒装 两串 630日元起

双叶［炸猪排］

想要在营业日拍上一张照片，反倒不容易了。『双叶』的店面。

上野是炸猪排的发祥地。也许正因为此，现在从上野到御徒町一带，东京极具代表的炸猪排名店聚集一堂，蔚为大观。如蓬莱屋、井泉、双叶等。

小津安二郎导演喜爱炸猪排，在《美食手帖》里，除记录上野松坂屋总店后的蓬莱屋以外，还写了下面一些店：

▲炸猪排

双叶（上野广小路二）

Bon 多（西黑门町）

炼瓦亭（银座三丁目）

“Bon 多”或是“炼瓦亭”，作为名店，店面至今驻守在小津那个时代去过的地方，去过那里的客人想必不少。小津写的“Bon 多”系笔误，实际上应该是“Pon 多”。“Pon 多”现在的正式名称为“Pon 多本家”。虽说两家均为炸猪排店，但称为昭和时代的西餐店，似乎更妥帖。Pon 多店的地址，小津写的是西黑门町，而现在西黑门町这街名已不复存在。反而是单口相声第八代大师桂文乐[1]所住的街道，名气更大。要说 Pon 多本家店离上野松坂屋新馆很近的话，大概的方位想必各位应该心中有数。离地铁上野广小路站或是 JR 御徒町站很近。

1　桂文乐（1892—1971）：本名并河益义，家住旧街“黑门町”，因而称作“黑门町师宗”。作为战后单口相声的名人之一，桂文乐与长自己两岁的第五代相声大师古今亭志生不分伯仲。说表细腻，分寸把握堪称完美。

双叶在地铁上野广小路站下车，走过去三四分钟。也就是说，JR 上野站或是御徒町站下车过去，也不会太远。从铃木演出场左侧过去，直走，就会看到一块大大的招牌，用红字写着“炸猪排 双叶”。双叶和蓬莱屋一样，都是炸猪排的名店。但两家店里的气氛，以及炸猪排的口味，全然不同。

小津在 1959 年 7 月 28 日的日记中写道，“在上野双叶吃午饭”。那时，他正在筹备日活的电影《浮草》（1959 年），为片中演员的服装，在东京四处寻访。

现在想在双叶吃猪排，比以前更难了。记忆中，2000 年时，不光中午，就连晚上（五点～七点）也照常营业，只有周一和周四休息。但不知现在怎么了，每次去御徒町，想去双叶吃炸猪排，可每每总是吃闭门羹，不禁让人要想会不会是关店了。

双叶的营业日，不知始于何时，只在周二、周三、周五、周六这四天的中午十一点半到下午两点营业。总之，算下来，一周的工作时间，加起来只有十个小时。而且，所需的食材没进到货，也不开店；营业时间内，食材用完了，也会停止营业。即便这样，仍认准只做炸猪排。对于客人来说，真是一家固执的炸猪排店。

食材当然就是猪肉了。精选了厚厚的里脊肉，肉质鲜嫩，没有脂肪，咬上去，就是吃纯里脊肉的感觉。店内的墙上写着，这里的鲜肉对外出售，以 100g 为单位，500g 起卖。有兴趣的人，可以在双叶买肉。店里摆放了八张桌子，紧紧凑凑可坐下二十人。看似母女的两人，手脚麻利地端菜送饭。周到，却无任何多余之举。餐具极具品味，却不华丽，与端上来的炸猪排极和谐相称。结完账出店时，交织着女性“欢迎再来”和男声“谢谢光临”的谢词。声音里，你感觉到的，不是手艺人伺候客人的生硬之态，而是双叶店主人的感谢之情。

双叶的装修，绝谈不上华丽，却很清爽。门口贴着告示，写着“店内谢绝孩童吵闹”。还贴了张大大的禁烟标志。作为餐饮店，此举令人叹服。不吸烟的人，饭吃到一半，突然闻到飘来的刺鼻烟味，是绝对无法忍受的。同样，对那些没教养的孩子，也让人看了有气。所有这些主张，都是为了营造一个清洁、安静的就餐环境。

双叶店主的所有想法，都落实在店堂每一个角落，确实是家少见的店。在双叶，不光可品味到好吃的炸里脊，还可以在一个舒服的环境里放松心情。

双叶

地址：东京都台东区上野 2-8-11

电话：（03）3831-6483

营业时间：11:30-14:00

休息日：周日、周一、周四

炸猪排套餐 2,940日元

五花肉（一块）105日元/100g，500g起卖

阿多福「天妇罗」

『阿多福』的门面 能在此处坐在榻榻米上吃天妇罗

小津安二郎导演与几家天妇罗店交情很深。其中，筑地的一家叫阿多福的店，小津非常喜欢，战后他经常光顾。小津的《美食手帖》里，在天妇罗栏，写着“阿多福（筑地）五五一二二八八”。二二八八这个电话号码，阿多福至今还在使用。

小津对阿多福的钟爱，有证可查，日记中曾多次提到。现给大家介绍其中颇有意思的一段，写于1952年（昭和二十七年）2月27日。

没吃早饭，和野田氏一起去北镰仓看房子。

母亲、有记子、森来了。房东津岛来了。

小仓游龟也来了。

总之，决心买了。交了定金。

之后去东京。在筑地的阿多福吃天妇罗。

与林、服部看Browdway（Broadway）。邀上陶哉[1]去吃源寿司。

与北川和东兴园在文春参加高田保的告别仪式。

和母亲、有记子三人住在森家。

从文中可以了解到，这天小津已决心购房。这是小津买的第一个，也是最后一个住处。位置在北镰仓，从净智寺的岔道上去便是，房子完全就是小津电影中会出现的那种，纯日式的家。隔壁住着日本画大师小仓游龟。森是和小津交情很深的一位女性，家在筑地，

1 陶哉：指泽村陶哉。泽村陶哉20世纪10年代在京都创建的陶艺工作室，取名“泽村陶哉”。

离阿多福就几分钟路。

阿多福从地铁筑地站下车，走过去三分钟。在日式名酒家田村正后方，非常好找。但店门面像是民宅住家，初次造访的客人，很难迈入店门。这么说，更是因为此店完全是预约制。一天只接待一拨客人。而且来阿多福的，经常是银座的陪酒女带着常客一起来。要在筑地，能找到榻榻米式的天妇罗店，也就是这样的地方了。

阿多福，有两三人和五六人用的两个小房间。小小的空间，却能奢侈地在榻榻米席上吃天妇罗。虽说是日式房间，经精心打造，桌席是从地面挖下去的，坐在无腿靠椅上，慢慢伸开腿脚去，无限惬意。点啤酒或日本酒，就会送上准备好的下酒菜，比如说，夏天会先送上毛豆。筷子一旦动起来，海蕴、生鱼片、豆腐等小菜、前菜，就接二连三端了上来。

总算要轮到正菜天妇罗套餐了。食材均是从旁边的筑地市场精选而来。例如冲绳的秋葵、伏见的辣椒、叶山的鳍鱼、岸和田的茄子、琵琶湖的香鱼等，相当讲究。此外，像大虾、扇贝、茭白、扁豆、红青椒、大眼牛尾鱼、星鳗等，精工细选的食材做成的天妇罗，一道接一道地登场。冬天去的时候，会煎炸好大虾、芦笋、培根、鳍鱼、冬菇、鰕虎鱼、楤木芽、鳕鱼精巢、秋葵、大眼牛尾鱼、万愿寺的辣椒、星鳗等。各种食材，依季节而择取，不时更换。

套餐最后一道，是小津自创的煎茶天妇罗泡饭。满满的一碗煎茶泡上米饭，盖上大虾和小沙丁鱼的炸什锦，做成一小碗茶泡饭。最初是用汤汁，小津喝后，觉得过于清淡，想做得更可口，就改用煎茶来泡。泡饭改用煎茶，拉近了小津和阿多福店的关系。

选材严苛的阿多福天妇罗，套餐料理只有一道，价格谈不上便宜。想到在筑地体验一下榻榻米席上的天妇罗，请先预约。有不爱吃的菜和鱼，预约时不用客气，尽管告诉对方。而且，小津当年坐过的房间，完全可以直接预定。

最后，有一则秘闻趣事。小津曾恳请阿多福炸天妇罗的店老板，出演《早安》一片中儿子的角色。老板好像是谢绝了，如果当初能拿出勇气，登场演出，境况就大为不同，这倒有些遗憾。

阿多福

地址：东京都中央区筑地 2-12-2

电话：(03) 3541-2288

营业时间：18:00—

休息日：周六、周日、节假日

套餐 12,000日元

SAMOVAR【俄罗斯料理】

SAMOVAR的门面装饰得简朴可爱，惹人注目

沿着涩谷东急文化村入口正对面的路，稍往上走些，就是俄罗斯料理的名店 SAMOVAR。密密麻麻的常春藤爬满了墙面，除了门窗，就连看板上也布满常春藤。正担心这充满异国风情的店面会不会消失时，在玉川通的三宿路口附近，新店潇潇洒洒地开张了。

SAMOVAR 最初在恋文横町拉开帷幕，是在 1950 年（昭和二十五年）。不久之后，在东急文化村附近，有了自己的独栋店面。小津安二郎导演在《美食手帖》里，附上了图，介绍 SAMOVAR。不过那个时代店面还在恋文横町。现在去 SAMOVAR 的人，可以坐田园都市线电车，在池尻大桥站或三轩茶屋站下车，沿着玉川通走七八分钟即到。

对于小津来说，俄罗斯料理可谓新鲜，《美食手帖》里写了六道菜名，并且详细地做了注解。

▲ SAMOVAR

○ 红菜汤 = 蔬菜肉汤

○ 俄式烤肉串 = 烤羊肉串

○ 俄式烩牛肉 = 用奶油汁煮的牛肉

○ 蒜味菲力牛排 = 带蒜味的牛排里脊

○ 俄罗斯饺子 = 俄罗斯水饺

○ 俄式小餐包 = 用小麦粉包裹好肉馅或水煮蛋，油炸而成

现在的 SAMOVAR，恰似一间朴素的咖啡店。有一张吧台，窗边及店内深处有几张桌子，要是能坐在窗边，那就最舒服不过了。

SAMOVAR 有几道正宗的俄式套餐。套餐量足，价格不贵，包含有前菜、红菜汤、奶油焖虾、基辅炸肉排、面包、俄罗斯红茶。每一道都做得非常精细，尤其是前菜，酸爽入味，极其鲜美。奶油焖虾像法式料理一样，口感雅致，难以想象俄式大餐也有如此菜品。要想吃得简单点儿，可以不点前菜，从红菜汤开始慢慢吃起来。

俄式烤肉串、俄罗斯饺子、俄式小餐包等，单点也可，SAMOVAR 做俄式料理，自然最拿手，按小津手帖上写的菜单一一点来，也是不错的选择。

说起俄罗斯，不得不提伏特加。这里有多种度数不同的伏特加可选。喝不了烈酒的人，可尝一下俄罗斯黑啤。与爱尔兰“Guinness”不同，这种啤酒味道清爽，有助于增进食欲。

以前文化村旁的 SAMOVAR，店内摆设如同古董铺子，透过常春藤缠绕的窗口，可望到窗外。店里气氛之好，让人难以置信。仅凭这点，就很值得来此休闲一下。但同时还有一大问题。离文化村很近，听着好听，但却是花花世界的中心，风纪无论如何谈不上很好。

今日的 SAMOVAR，背负着常年积累的沉重历史，准备脱胎换骨。这种转变是好是坏，难以判断，但年轻客人有所增多，应该就是重点逐步转移到三轩茶屋的结果。希望有一天，店面的墙壁，依然爬满常春藤，那就仿佛又回到曾经的 SAMOVAR。

再者，SAMOVAR 这词本义为俄罗斯特有的可加热的银质、铜质茶炊，在冰天雪地的俄罗斯，这是当地人生活的必需品。

SAMOVAR

地址：东京都世田谷区池尻 2-9-8 1F

电话：（03）3487-0691

营业时间：17:00-24:00　周日、节假日 17:00-23:00

休息日：周三

俄式烤肉串（仔羊烤串）2,000日元

俄罗斯饺子（带清汤的俄式饺子）1,000日元

俄式小餐包（炸肉包两个）700日元

套餐 3,500日元起

牡丹亭【鸡肉火锅】

战后留下的雅致建筑物，内部装潢想必也值得一看的『牡丹』

小津安二郎导演喜欢鸡肉料理。在《美食手帖》中，列举多家东京、京都的鸡肉料理名店。已经介绍过鸟安（药研堀）、镰田鸟山（八王子），此外还有名出屋（山王下）、坊主志屋、伊势广（京桥一之六）、牡丹（须田町）、鸟荣（池之端）、雌贺音（京桥一之六）、芽满多（白木屋横）、大矶（日本桥浜町）、本金田（浅草）等不下十家。有些已经踪迹全无，有些仍是生意兴隆。

这其中，神田须田町的牡丹亭，先不说楼面如何漂亮，还是先作介绍吧。小津的日记里，记录了他去牡丹亭的足迹。

一九五六年十二月十五日

山内。北川来了。一起去了陶哉。村上来，赴牡丹宴。

高桥来，稍后长谷川来。给须贺电话。

坐车回家。

文中所述“牡丹宴”，是什么呢？

小津1903年（明治三十六年）12月12日生，1963年（昭和三十八年）12月12日去世，享年六十足岁。生前，每当小津生日前后，总会和关系亲密的同事，一起去神田须田町的“牡丹”吃鸡肉火锅，庆祝生日，于是称之为牡丹宴。进而，小津去世后，和小津投缘的一些人，依旧在12月12日，聚集于牡丹，缅怀导演，此举持续了多年。

牡丹的店名，来自创业者曾在西服料子厂的纽扣[1]部门工作过。昭和初期出版的书中有如是描述：

牡丹位于万世站前的小路上，是很早以来，就以鸡肉火锅而闻名的一家老店。店里服务的是一些少女，但完全不用为小费担心。肉质鲜美，客人的评价良好，在食客间有相当口碑。

由此可见，牡丹在那个时代就已是声噪一时的料理店。

楼下也有几间房间，要想吃得更舒服，客流少的时候，可以到二楼大间就餐。一起去的人数不多的话，一般会把客人引到一层。战后留下的这建筑，有着古式的玻璃窗和栏杆，房间的布局令人赞叹，现在看到的，是战前典型的日本房屋。

且不说冬季，即便是在酷暑的夏天，坐在铺了藤垫的房间里品尝鸡肉火锅，也绝对值得一试。菜单只有鸡肉火锅（带米饭、水果）一种。点过啤酒或日本酒，酒很快就上，同时会端来四方形的火红炭盆。炭火烧的食物，现在很少能吃到，光这一点，就非常值得一试。

这里用的是在千叶县利根川旁饲养的鸡。有鸡胸脯、鸡皮、鸡腿、鸡内脏、鸡肉丸子，佐料也分浓、淡两种。一开始，女招待就会把浓汁佐料和鸡肉、大葱、烤豆腐，一起放入四方形的铁锅里，慢慢炖烧。这时鸡肉吃到嘴里，感觉恰到好处，吃法和烤鸡肉截然不同。而鸡肉能做成如此美味，实在让人惊叹。

1 纽扣，日语发音为“Botan”，牡丹的发音亦为“Botan”，此为谐音。

对于鸡的知识，小津应该是从书本上得来的，在《美食手帖》里记载道："鸡皮发黄，乃是鸡中上品，味道鲜美。两斤到头，雄性。"牡丹使用的鸡肉，虽到不了这个品级，但肯定是合小津胃口的。

肉吃完前，勿忘点米饭。一会儿，就有人会用托盘送上一小桶米饭、腌菜和茶壶。把煮好的食材和搅匀的鸡蛋合在一起，盖在饭上，鸡汁味浓厚的"牡丹亲子饭"就大功告成。鸡肉的味道充分融合，再和鸡蛋混在一起，盖到饭上，虽没放葱花，和别的亲子饭比起来，却也是美味无敌。

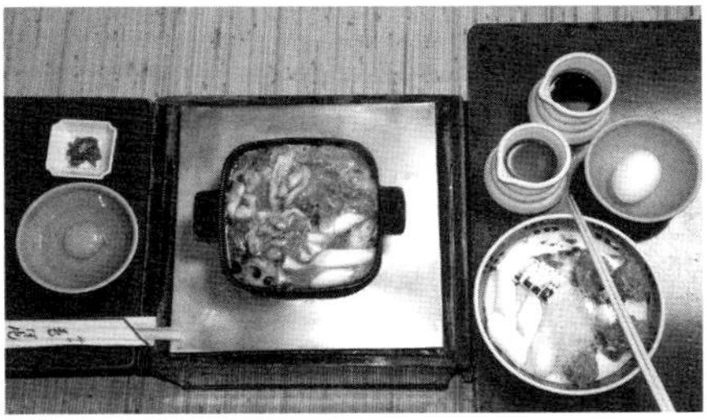

牡丹

地址：东京都千代田区神田须田町 1-15

电话：（03）3251-0577

营业时间：11:30-21:00（进店截止时间为20:00）

休息日：周日、节假日（八月休息两周）

用明火烤锅调制的鸡肉火锅

鸡肉火锅　7,000日元

前川［鳗鱼］

沿隅田川而建的『前川』，外观也是秀色可餐

小津安二郎导演的电影中，多次出现鳗鱼店的画面。小津电影中的鳗鱼店，随着“う”[1]字招牌，展现在观众眼前。

战前电影《淑女忘记了什么》（1937年）中，只有关于鳗鱼饭或鳗鱼盖饭的对白。而到了战后，《东京暮色》或是《秋日和》中，影片中的人物已然在鳗鱼店里聊天了。可以看到，《东京暮色》里的杉村春子和笠智众，《秋日和》里的佐分利信和原节子、司叶子，在日本桥附近的鳗鱼店吃饭的场景。

在东京，如同已介绍过的尾花一样，自认为喜欢吃鳗鱼的人，是一定要去的那么几家名店。而前川就是其中之一。小津在《美食手帖》里，简简单单的就写了一句：

驹形　前川→八四—六三一四

就这样，记下了前川的店名。虽然区号现在已经变了，但“六三一四”的电话号码，至今还在使用。

前川位于浅草，说得更明白些，正像小津写的那样，就在横跨隅田川的驹形桥旁边。总之，坐都营浅草线，在浅草站下车，从驹形口出来就是。前川重新整修后，式样符合当今鳗鱼店的样子。外观现代，一改战前神田地界和式料理店的风格。一到四层都有餐厅，更有电梯方便上下。

去往浅草寺或回来时，中饭想吃得稍微好一些，可以到前川去。

1　う：鳗鱼在日语中读音为うなぎ，此处取鳗鱼的首字母。

晚餐提前预约较好。一般来说，进到店来，会直接带你上二楼，运气好的话，可以坐在靠窗的座位。让你惊讶的是，驹形桥对面的东京晴空塔，近在咫尺拔地而起。隅田川以及河面上穿梭的水上巴士，也历历在目。吃饭看景，让你心情大好。窗外景色如此，恐怕东京其他的鳗鱼店，无可比拟。前川也深知此理，改装时，特意扩大窗户，打造成现代式的鳗鱼店。

说到前川，不得不提坂东太郎。前川一般使用的鳗鱼，称为坂东太郎。以前，在京都的锦市场，也看到卖坂东太郎鳗鱼。借此可知，在鳗鱼圈中，以坂东太郎命名的鳗鱼，是全国知名的品牌。

坂东太郎究竟为何种鳗鱼呢？正确的说法，坂东是指足柄、碓冰以东的诸国。此说也许有些泛泛，但用老式说法，是指东边的国家，也就是现在的关东地区。那坂东具体指哪里呢？这里所说的坂东，也就是关东第一河川之意。简而言之，就是利根川的别称，而利根川是日本第二大河，为日本三大河流之一。坂东太郎，是指在利根川捕获的鳗鱼。现在，日本全国所产天然鳗鱼的数量极少，多数的鳗鱼店，都使用养殖鳗鱼。

前川菜单上的烤鳗鱼，写着使用天然鳗鱼，需要预约，且为时令价。而且，天然鳗鱼，在有些季节没有。因此在前川，一般吃到的还是养殖的坂东太郎。

在前川吃鳗鱼，自然要吃鳗鱼盖饭。鳗鱼盖饭，都带鳗鱼肝清汤、咸菜、水果等。咸菜、水果，姑且不论，吃鳗鱼的时候，鳗鱼肝清汤是必定要喝的。当然，菜单里还有鳗鱼蛋卷、醋拌鳗鱼黄瓜等零点菜品，尝尝也不错。

坂东太郎的味道如何呢？菜单上描绘的鳗鱼盖饭套餐还带水果，极为高级，是典型的日式鳗鱼味道。这里的鳗鱼，无论重量，还是口感，更像是面向女性的。鳗鱼因季节不同，成熟状况不尽相同，夏天的坂东太郎，就比冬天的口感要浓郁。

前川

地址：东京都台东区驹形 2-1-29

电话：（03）3841-6314

营业时间：11:30-21:00

休息日：全年无休（除年末）

鳗鱼盖饭 3,465日元

烤鳗鱼 4,725日元

鳗鱼蛋卷 1,050日元

醋拌鳗鱼黄瓜 1,050日元

前川套餐 13,650日元

横滨

未来港站
至横滨站
横滨地标塔
地铁蓝线
樱木町站
地铁未来港线
关内站
日出町站
东横 INN
横滨棒球场
太田酒家
关内站
石川町站

横滨

地图制作　富士企划

安乐园「北京料理」

「安乐园」的店面，看上去简直像电影里的一个镜头

小津安二郎导演战前在横滨中华街，最常光顾的，恐怕要数安乐园了。

安乐园位于中华街大道上，过善邻门一百米处。店面描红画金，气势辉煌。充满怀旧情调的安乐园，时至21世纪的今日，依然光彩照人。但仅从外观看上去，或许有人会把它当做澡堂或是旅店。安乐园创建于1903年（明治三十六年），是小津在深川诞生的那一年。

安乐园未见于《美食手帖》，但在小津战前日记中，却几度登场。现来看一下1933年（昭和八年）2月12日的日记。

> 庄司的澡堂很特别→三共→之后坐车，由外苑到新桥→
> 蒲田→坐车去海边→租借地的山丘→支那町安乐→
> 银座Colombin[1]→门→十一点十分回大阪
> 期间玩了一会儿麻将

“回大阪”指的是前一日来到东京的桥本，是夜乘坐11点10分发车的列车回大阪。这后面，小津又写道：“坦率地说，如果每天都如此忙，很快就会对东京厌烦的。”这段时期，他完成了小品《东京之女》，从写脚本，到拍摄完成，仅用了半个来月的时间。主演冈田嘉子四年后逃亡俄罗斯。

此外，还有1934年1月27日的日记：“从外国人墓地下来，到支那町的安乐园吃饭，之后走去伊势佐木町，”以及1935年2月17

1 Colombin：制作花式蛋糕、酥饼为主的法式甜品店。

日的日记：“在横滨拍摄外景，坐山手线去安乐园。”翻看小津留下的战前日记，1933 年、1934 年、1935 年、1937 年，可以说整个三十年代，小津频繁出入中华街，应当是去安乐园吧。此外 1939 年（昭和十四年）小津的日记中也有记录，不过那是在中国战场上写的。

安乐园的北京料理，除前菜腌黄瓜，其他菜并不特别辣，或口味异常重。菜单和其他中华料理店的没有太大区别，但每盘菜的量却非常大。每一道菜都分小盘、中盘、大盘。光是小盘，已够四人量了。为此，二三人去，点菜反而有些难。因为一盘菜的量太大，很难多点别的种类。一人份的什锦炒饭，看上去怎么也够两人吃。正因如此，在此用餐，选择两人份的套餐比较合适。点一份 5250 日元的套餐，可以吃到多种菜品。

凉菜拼盘

鱼翅汤

虾排吐司 / 咖喱味炸猪排

番茄大虾

扇贝炒鸡肉

东坡肉 / 春卷

米饭·泡菜

甜品·水果

现在，安乐园最拿手的，是烧卖。一份有五个。店家以此为傲，不过确实好吃，又很下酒。烧卖的个头，馅儿的大小，掌握得恰到好处，这才是烧卖该有的样子。而且，更为方便的是，安乐园的烧卖还可以从十个到四十个，装盒打包外卖。这是用来送礼的，包装很是精致。

安乐园从外表看上去极为普通，很难看出生意人的精明。占据了这么好的位置，实是让人觉得有些浪费，话又说回来，客人能在如此安静的地方悠闲吃饭，也是福气。轻轻松松进到店来，点份什锦炒饭或是炒面，再尝一尝店家引以为豪的烧卖，不失为一桩快事。安乐园绝对让你满意而归。

安乐园

地址：横滨市中区山下町145

电话：（045）681-3811

营业时间：12:00-20:30（点菜结束20:00）

休息日：周二（除节假日）

套餐 4,200日元
烧卖（五个） 525日元
什锦炒饭（一人份） 840日元
什锦炒面 945日元
凉菜（四人份） 2,940日元
青椒炒肉丝 2,835日元
外卖烧卖 1,300日元（十个）

太田酒家「牛肉锅」

在『太田酒家』，享受一下店内的轻松气氛

小津安二郎导演留下的《美食手帖》里，记录了各式各样的饮食店。但横滨和镰仓的美食店，却少有提及。原因何在？蒲田和大船摄影制片厂，都是他平常的工作场所，横滨或是镰仓，就像他自己的地盘，再熟知不过了，想来是没有必要特意留下笔记吧。因而，对于横滨和镰仓，只能借助于小津的个人日记了。

太田酒家，在小津的日记里出现过三次。一是因为名字比较特别，还有就是在横滨，作为烤牛肉锅的店，这里本身就有名。这里离伊势佐木町有些距离，要想走着过去，需从樱木町站，或是京急本线的日之初站过去。从关内站也可以过去，但稍有些远。而且沿路的风气并不太好。毕竟这里是横滨繁华的商业街之一，夜生活很多彩。

太田酒家开创于 1868 年（明治元年），可以说是与横滨一起发展起来的老店。店招牌上，画的是棒球排名前六的大学之一，早稻田大学的代表人物“阿福”吃烤牛肉锅的样子。介绍上写的是，此画为横山隆一在战后不久所绘。阿福的生父——横山隆一，是镰仓本地人，是和小津有着深交的漫画家。

一九五四年六月七日
和野田氏去往横滨到寅君公司转了一圈
看《罗马假日》之后去太田酒家
回茅崎

一九五六年四月十七日
把井阪从云仙送到大船　去月濑　和益子同去海滨
太田暖帘　　之后　　吉祥物
用车把她送回　和服店

一九六〇年二月二日
在横滨太田酒家请佐田一家　　与丰、酒井同去

1956 年日记中的“太田暖帘”，应为太田酒家，想是小津笔误。益子 1957 年（昭和三十二年）与佐田启二结婚。在松竹大船摄影制

片厂附近的月濑食堂工作。佐田启二毕业于早稻田大学，受亲戚佐野周二[1]影响，选择了演艺之路。1960 年 2 月 2 日去太田酒家，吃牛肉锅，大概是冲着早大[2]和阿福去的。

既然挂着“元祖牛肉锅”的牌子，太田酒家的牛肉锅当有其独到之处，口味也该是大众欢迎的。此店的做法，牛肉不上火烤，以味噌作调料，直接煮进味去，据说这是从牡丹锅[3]得到的启示。的确，牡丹锅是用味噌调好汤汁，烧煮猪肉而成。再者，樱花锅也是以味噌为底料，调味烧煮。想来，明治时期尚未习惯食肉，要使牛肉像猪肉或马肉一样好吃，便用味噌做调料，才能做到美味可口。可能那时没想到，其实可以像寿喜烧那样，蘸酱油来吃。他们没有意识到牛肉本身有膻味，只想到要口感好，便用味噌做佐料。太田酒家乃用味噌调制牛肉的始祖，并延续至今，被推为牛肉锅的老字号。

说起牛肉锅，让人首先想到的是浅草瓢通路上的米久总店。这是因为米久的菜单上，有一道牛肉锅的菜名。但米久的牛肉锅，是用酱油做底料，也就是通常所说的寿喜烧的做法。

在太田酒家可以单点牛肉锅，而大多数客人更愿意选择套餐。套餐有：开胃菜、清汤、生鱼片、大块牛肉锅、米饭、咸菜、水果。太田酒家的饭菜，做工精细，美味可口。光是开胃菜和清汤就堪比

1 佐野周二（1912—1978）：原名关口正三郎，电影演员。昭和初期至晚期（1930 年代后期—1970 年代）活跃于影坛。曾与小津安二郎导演合作过《风中的母鸡》《麦秋》等电影。

2 早大：早稻田大学简称。

3 牡丹锅：用猪肉做的锅料理。因猪肉切为极薄的片，盛盘时摆成牡丹花状，故称为牡丹锅。锅中再加白菜、蘑菇、豆腐等一起煮，调味时多用醋、酱油和味噌酱。

京都一流的会席料理，不仅味道好，品相更出色，精致漂亮。就在前阵子，法国的美食指南中，刚把太田酒家评为了星级，想必大家还记忆犹新。这个评定结果，不仅仅因为牛肉锅的美味，更考虑到店面的格局、整洁的座席、游摆着锦鲤的中庭等方方面面。总之，从店内整体的氛围，到套餐的精彩程度，综合评定后，才得高分。

切成骰子状的牛肉，一块块铺好，上面放好味噌，连锅一起端上来那一刻，你就明白这个与寿喜烧是多么不同。用千煮百炼的铁锅烤牛肉，能充分吸收味噌浓厚的味道，配上米饭，不禁让人叫绝。想要尝尝历史悠久的味噌底料牛肉锅，不妨掀开太田酒家的暖帘，进来坐坐如何？这里的牛肉锅，两人分享最好。

太田酒家

地址：横滨市中区末吉町 1–15

电话：（045）261–0636

营业时间：17:00–22:00

周六、周日、节假日 12:00–15:00、17:00–21:00

休息日：周一、第三个星期日

牛肉锅会席料理 9,450日元起

牛肉套餐（周六、周日、节假日12:00–15:00）7,870日元

大块牛肉锅 5,770日元

海员阁【生码面】

无时无刻不是人头熙攘，味道却是好得出众

小津安二郎导演不仅仅只光顾高级料理，或者只拍这种料理场景。他的电影画面中，主人公经常会出现在平民百姓进出的小饭馆。拉面店就是很好的一例。

战前拍的《独生子》里的对白 :“妈妈，你吃过中国面吗？换个口味怎么样。”主人公在夜市摊上点了碗拉面。战后的《茶泡饭之味》(1952 年) 及《秋日和》中，也有情侣两人，亲密无间吃拉面的场景。

小津的遗作《秋刀鱼之味》中，坂本 (加东大介饰) 来到一处偏僻的中华料理店，点了一碗叉烧面。正巧碰到海军时代的上司平山 (笠智众饰),“老板，叉烧面就不要了。这面不好吃。行吧，老板。”说着，坂本取消了自己点的面。而这段台词，在《秋刀鱼之味》的拍摄脚本上，写的是，“老板，生码面就算了。(对平山说) 这里做的不好吃。”可实际拍摄时，生码面换成了叉烧面。

为什么呢？是不是因为生码面或者叫三码面，在全国其他拉面店都没有这种面。即使现在，恐怕也鲜有人知道何为生码面。三码面写成汉字，好像就是“生码面”，也有写成三马面或者生马面，应该都是同一种东西。

加东大介在《秋刀鱼之味》中，脱口而出的叉烧面，使得小津电影中生码面无缘登场。但我们又不能不提及小津和生码面。这样说是因为，战后，特别是 1954 年 (昭和二十九年) 前后，小津频繁光顾中华街上的海员阁，那里是生码面的名店。

一九五四年四月十五日

午前肥后来　旅馆的牡丹含苞欲放　野田　泽村来
私人同去横滨海员阁　在元町闲走　回家

小津在此后的5月8日、11月10日的日记中，均与不同的人去了海员阁。这一年，小津曾几度光临海员阁吃饭。

海员阁在中华街中段，从横向的香港路进去，大概走过四五间店门就到。这条街上的很多店铺，与中华街的店铺相比，装饰虽没那么华丽，可像安记粥店一样出名的店却不少。海员阁即是其中的名店之一，从店的外表就可以看出，这是一家极为平民化的店。海员阁创建于1928年（昭和三年）。

海员阁店面很小，因而很难在那里舒舒坦坦吃上一顿饭。无论何时去，不分中午还是晚上，人总是那么多，店总是进不去。一定想进去，只得排队。自然，座位是要拼桌的。

在海员阁，吃面的人居多。人气最旺的，要数铺满五花肉的拉面。而作为小津的影迷，到这里，当然要点生码面。何为生码面？就是把青菜肉丝做浇头，盖在拉面上，类似于广东面。据说，生码面是同在中华街上的聘珍楼首创，不知确否。现如今，不光在横滨，生码面已普及到静冈县周边。生码面的人气，在慢慢抬头。

海员阁属广东料理。生码面，或叉烧面，味道无不符合广东料理的口味，清淡鲜美。反正要等，点了生码面，再来一份烧卖，边等边吃，这样倒一举两得。

这么点，是因为海员阁的烧卖，美味绝顶。与超市卖的完全不同，样子虽说没那么漂亮，但肉塞得满，蒸得也透，汤汁充分渗进了面皮。正宗的手工烧卖，不禁让人大快朵颐。

《茶泡饭之味》中，鹤田浩二吃着拉面，对津岛惠子说：“这简直是绝了，不仅好吃，还不贵。”海员阁的面类和烧卖，正像鹤田浩二说的，不光味美，价格也便宜，这正是其魅力所在。

海员阁

地址：横滨市中区山下町 147

电话：（045）681-2374

营业时间：11:40-15:00，17:00-20:00

周六、周日、节假日 11:40-20:00

休息日：周一

生码面 700日元

五花肉拉面 800日元

烧卖（四个） 480日元

镰仓

好好亭
北镰仓站
源氏山公园
Hiromi
镰仓站
华正楼镰仓店
由比滨站
和田塚站
极乐寺站
长谷站
134

镰仓

地图制作　富士企划

Hiromi［天妇罗］

镰仓无人不知的天妇罗名店『Hiromi』的店门

从 JR 镰仓站北口出来，过了公交总站的转盘，进到侧面观光客聚集的小町通路，往里走一百米，就可看到左侧一栋名叫寿名店的白色二层建筑。一层左手边是炸猪排店，中间有楼梯，上台阶，左手边是一家意大利家庭料理店。拾阶而上，即可看到“Hiromi”的招牌。楼梯尽头，就是小津安二郎导演喜欢光顾的天妇罗店 Hiromi。这栋建筑，是来镰仓的观光客吃饭休息餐饮汇集之处。而 Hiromi，在镰仓常住的人都知道，是家天妇罗的老字号。

介绍一下小津日记中，提到关于 Hiromi 的部分：

一九六〇年四月一日

高桥绿和山内万龟（规）子来

稍后坐车离开镰仓　去了 Hiromi（天妇罗店）和弁天

静夫来了

Hiromi 创建于 1958 年（昭和三十三年），当时的位置离现在的并不远。开店不久，小津就成了这里的常客，经常来吃天妇罗。

掀开暖帘进到店里，就可以看到有两间客房，房间比想象的要宽敞。室内的日式设计，颇具现代风格。这里备有几张吧台座，可以亲眼看着烹炸天妇罗，因是特别座位，需要提前预约。坐在这里吃的，只有一种“随宜套餐”，一个人需要一万日元以上。而普通来客，就坐在店堂内雅致的、用茶色和纸铺好的桌子上用餐。

Hiromi 的菜单有天妇罗拼盘套餐和盖饭。推荐的套餐是“露草”大拼盘：有两只大虾，一条白身鱼，几种炸什蔬。游览过镰仓后，点上一份这样的饭菜非常适合。小份的炸什锦盖饭，在这里称作“嘉萌”套餐。

Hiromi 的天妇罗，与浅草常见的炸法不同，不是用芝麻油炸得硬邦邦的那种。Hiromi 做出来的，口感清爽，卖相也上档次，宛如是为女性客人特意准备的。

在此，不得不提一下 Hiromi 独有的两款特选盖饭。

一种是源于小津的“小津盖饭”。令人不解的是，店外的菜单上居然未列这道菜名。待坐下后，桌上放的菜单里有这道菜名，“小津盖饭：炸什锦、凤尾虾、白身鱼、蔬菜、间歇小菜（油炸虾）”，还有一段说明，如下：

当时，松竹的演员经常来会于此。
晚上，单身一个人来到店里，
蘸着调料，吃着天妇罗，
不用什么下酒菜，就能喝下十瓶烫热的酒，
山南海北地聊些琐事，
最后来一碗天妇罗盖饭才回去。

与“小津盖饭”齐名的另一款特选盖饭，是“小林盖饭”。价格与小津盖饭不相上下。“小林”这个名字，源于 Hiromi 的忠实食客、文艺评论家小林秀雄。小林在散步的途中，或打完高尔夫回家时，经常会来这里坐一下。小林喜欢炸什锦、海鳗、竹甲鱼，这些就自然替代了小津盖饭里的主菜。这里再透露一下，小津和小林之间，没有任何交集。这是从小津日记里“思考的启示”中看到的。小津盖饭和小林盖饭，价格不菲，但天妇罗的量着实不少，可口的味道，让人停不下筷子。喜欢天妇罗盖饭的人，一定要来尝一下。

2010 年春，镰仓市川喜多电影纪念馆开馆。在小町通路尽头，从神奈川县立近代美术馆镰仓馆前面左转，进到雪之下二丁目二番地十二号。纪念馆建于已故的著名外国电影进口公司东和商业创立者川喜多长政、川喜多贤子夫妇的旧宅。设施专为电影爱好者所设立。纪念馆里有电影资料的展示、电影放映，以及与电影相关的讲座。2010 年秋，为纪念小津安二郎，纪念馆举办特别展示，放映了小津的全部影片。从 Hiromi 到纪念馆也就五六分钟的路，喜欢电影的人，不可错过。

Hiromi

地址：神奈川县镰仓市小町 1–6–13 寿名店 2F

电话：（0467）22–2696

营业时间：11:30–14:00，17:00–19:30（要预约）

休息日：周一（遇节假日，次日休）

小津盖饭　3,990日元
小林盖饭　3,990日元
露草　2,310日元
嘉萌　3,465日元
随宜套餐　10,000日元

好好亭「会席料理」

穿过这扇门，就是『好好亭』

小津安二郎导演战前拍过多部杰作，而战后的首部成功之作，即是《晚春》。这部作品中，原节子在小津影片中的初次登场，便备受瞩目。

影片从茶会开始。脚本中茶会的场景，设定在北镰仓圆觉寺内的茶室。小津拍此片时，还没有在北镰仓置业，恐怕他更不会想到，去世后，会长眠在这所寺庙里。

这里要说的好好亭，现在已经不复存在，它是几年前刚销声匿迹的。因小津之故，考虑到北镰仓有过这么一家店，还是有必要介绍一下。

在北镰仓站下车，沿着铁路，往大船方向走五分钟，就会看到一扇绛红色的门，那是从岩石中凿出的一个隧道，取名好好洞。穿过好好洞，万绿丛中，千坪日本庭院尽显眼前，好好亭静立其中，宛如让人忘却尘世间一切烦心事一样。山间谷地中打造成的这座好好亭，不仅是为了饮馔，更重要的是让人感受自然界的静谧。饭后在庭院散心漫步，可让人从麻木状态中复苏回来。小津日记中初次提到好好亭，是在他打算买房，实地考察之时。

一九五二年二月十一日

由于北镰仓有一卖家　与森、每日日报的记者清水

以及房屋中介津岛，一起去看房子　路不好走

在好好亭吃午饭　大家一起去了月之濑

酩酊　回茅崎

此行，小津对房子非常满意。同月十七日，向松竹摄影制片厂所长，提出购房的借款申请，得到了痛快应允。于是，小津于 1952 年（昭和二十七年）5 月，搬到北镰仓，成了当地住民。

好好亭中午有会席料理，还备有和式便当。口味如京都人喜欢的那样，比较清淡，品相也相当漂亮。到北镰仓或是镰仓一日游的客人，恰可来此享受次真正的镰仓式体验。虽说在镰仓，但在如此宽敞的日式房间里，享用一顿正宗的会席料理，想必并不常有，好好亭当属为数不多的和式料理屋之一。在其中就餐，很有京都料理屋的感觉。

好好亭展示的一张照片，是小津、原节子、笠智众、佐野周二等人的合影，看上去应该是在餐厅一角所拍。从演员的服饰判断，这张照片应该是在《麦秋》拍摄期间所照。众所周知，《麦秋》的主人公住在北镰仓，真是机缘凑巧，他们来好好亭就餐，拍了这张纪念照。

小津不光有多位朋友住在镰仓附近，松竹大船摄影制片厂也在住地的下一站，对小津来说，北镰仓应该是最理想的居住地。因而，好好亭就成了他和朋友经常聚会之地。小津的新居离镰仓较近，而且靠近大船的好好亭，从新居走过去，只有二十分钟左右的路。搬家之后，小津的日记里，多次提到好好亭。

1963 年（昭和三十八年）12 月 12 日，小津病故于东京医科牙科大学医院，之后就一直安眠在北镰仓站正前方的圆觉寺里。我又回想起从好好亭出来，去小津墓地扫墓的情景。也许是从圆觉寺的开山初祖无学祖元禅师那里得到的启示吧，小津的墓碑，黑色花岗石上只刻有一“無”字，与好好亭脱离日常的空间一样，无疑打动了很多人的心。

在小津墓旁，还有木下惠介的墓，木下惠介也是导演，导演过《卡门还乡》《二十四之瞳》等影片。扫过小津的墓，不妨再往前走十来个墓碑去瞻仰一番。墓碑无任何特别之处，却不禁引发人们对这位有影响的导演的无限追思。

好好亭

地址：神奈川县镰仓市山之内六〇五

华正楼镰仓店【中国宫廷料理】

上图：来领略一下与中华街总店氛围截然不同的『华正楼镰仓店』

下图：煎炒烹炸样样精通的北京宫廷料理

多数观光客，爱乘坐人气很旺的江之电电铁，从镰仓站坐三站，到长谷站下车，首先会去近旁的长谷寺。参拜过后，回到来时的路上，沿着车站前笔直的一条缓坡上去，去看镰仓大佛。走着也就十分钟的路程，很快就到。这里是小津在默片《开心地走吧》（1930年），及战后代表作《麦秋》中出现的镰仓名胜所在。

大佛所在高德院前面，左手有一栋和式的三层高大建筑物。这就是中华料理的老字号，华正楼镰仓店。整栋楼是战前所建，室内清洁整齐，从三层可以眺望由比滨，那里有一大片海水浴场。华正楼的总店和新店，在横滨中华街上，是中华料理店老字号中的霸主。2009年，华正楼迎来创业七十年，想品尝华正楼的佳肴，固然可以到中华街上的华正楼一坐；但在镰仓店，不仅可以尝到同样正宗的味道，而且可以感受海景，何不来此一试。在长谷吃到中华宫廷料理，无疑是一种特别的享受。

小津在北镰仓的居所离该店不远，店里的气氛和口味，应该也极合他意，因而他日记中，常常出现光顾长谷华正楼的记录。1954年（昭和二十九年）内，4月7日、8月1日、9月4日、9月6日等日记，都有所记载。由此推断，小津应该是非常喜欢这家店的。

小津在准备拍摄《秋日和》时，与原节子等来过华正楼镰仓店。1960年（昭和三十五年）7月9日的日记中写道：

上班　两点半原节子来　试妆

之后去浦野处看服装　与原、荣、厚田、山内、富二一起去了华正楼

MEMO

三杯酒出了五斤汗，热啊。

这天为七月初旬，看上去好像非常热。浦野指的是浦野理一，是镰仓著名的染织家。《秋日和》中，原节子所着的美丽和服，均出于浦野之手。荣常年为原节子做发型，与原节子形影不离。而厚田、山内、富田均为松竹的工作人员。同月二十三日，小津又与司叶子一群人去了华正楼镰仓店。无论是原节子，还是司叶子，都是其他公司（东宝）的台柱，小津对她们自是尽心款待。

华正楼主打北京宫廷料理，是间高级的中华料理店。镰仓店的二层，房间有五十张榻榻米大小，摆放了几张圆桌。三层则有几间单间，单间也是在席子上放椅子和圆桌。和式房间与中式装饰，非常协调。

华正楼镰仓店菜单上，有凉菜、汤、蔬菜、海味、肉类等各种美味的套餐料理。午餐有三千日元、五千日元、七千日元三类套餐。晚餐从五千日元开始，每增一千日元就上一档次。所有的套餐，从汤到甜点，样样俱全，有八九个品种。

虽说是北京的宫廷料理，但菜品并无特别奇怪之处，味道淡爽，口感柔和。北京料理，配上绍兴酒或是镰仓啤酒，无疑是最佳搭配。在海景房里，吃着一道道美味佳肴，真是赏心乐事。这种美妙，在横滨中华街上是体验不到的。

东京来镰仓观光的人，途中绕到华正楼镰仓店，点一份午餐套餐，不失为明智之选。但要注意，周六周日的镰仓非常拥堵，要注意尽量避开。特别是三楼可以远眺由比滨的单间，人气超旺，垂涎华夏宫廷料理的人，需要尽早预约。

华正楼镰仓店

地址：神奈川县镰仓市长谷 3-1-14

电话：（0467）22-0280

营业时间：11:30-21:30

休息日：全年无休

午间套餐 3,000日元起

晚间套餐 5,000日元起

关东土特产店

空也「豆馅糯米团、空也饼」

梅原龙三郎书写的暖帘，成为标志性的『空也』门面

小津遗留下的《美食手帖》里，作为豆馅糯米团名店的空也，并没有记载。但空也的名字，在小津的日记中却多次出现。这里来介绍两例：

一九三五年五月二十二日

傍晚和野田、荒田去了银座，上野的空也→炸豆腐→去乌萨屋

一九五一年十二月三十一日

下雨　同森、北川、陶哉去空也买了豆馅糯米团

从上野回野田

前一则，是与两位剧作家一起去上野的空也，在旁边的料理店吃了炸豆腐，顺道又去了铜锣烧的名店乌萨屋。炸豆腐店是画家小丝源太郎出生的家，有些名气。后一则讲的是，当时小津的母亲住在千叶县的野田，新年前夜去母亲家之前，到空也买豆馅糯米团作为礼物带去。此外，小津的日记中还叙述过，1955 年 1 月 22 日，他在茅崎馆（旅馆）准备脚本时，两位女性带着荞麦面和空也豆馅糯米团来看望他的事情。

空也现在的位置，正对着银座并木通路，在与御幸通交叉的路口旁，在一栋现代建筑物里。画家梅原龙三郎题字的暖帘“空也豆馅糯米团”，横贯门头，异常醒目。

就像小津日记中所写，空也店曾经开在上野，1884 年（明治

十七年）在池之端创立。后毁于战火，1949 年（昭和二十四年）搬到了银座六丁目的并木通。据上面的日记，是 1935 年（昭和十年）以及 1951 年（昭和二十六年），上野和银座两处空也店，小津都去了。

上野池之端时代的空也，夏目漱石 1905—1906 年（明治三十八—三十九年）发表的成名作《我是猫》里，曾多次提及。小说的第三部分开始，对空也做了这样的描述：

> “嗯，空着的肚子，可以用空也饼权充填补。”迷亭说道……
>
> “吃了那些，还没填饱，奇怪了。现在还要用空也饼来充饥，怪也哉。”

说起空也，自然令人想到豆馅糯米团，而 20 世纪初期，空也的人气商品并不是“空也豆馅糯米团”，而是“空也饼”。《我是猫》里的人物，喜欢空也饼一事，在《广辞苑》[1] 里也作为一例加以解释：“糯米蒸熟，用棒捻碎，团成圆形，塞上豆沙馅的点心。”

现在很多人并不清楚空也饼为空也的产品，因为空也饼仅在 11 月及 1 月下旬到 2 月中旬出售。小津日记中写的，在空也买的樱花饼，只有在二三月才限定销售。

空也的豆馅糯米团里，馅是豆沙，皮子稍硬。烤过的外皮，放上两三日，口感才恰到好处。这里的豆馅糯米团，略带甜味。个头

1　广辞苑：由岩波书店发行的日本最为著名的辞典之一。

不大，吃起来正合适，价格自也不贵。有十个装、十五个装、二十个装、二十四个装、三十个装……均有家庭装的盒子（白色简单包装的纸盒），另外还可以用礼盒、小木盒（均为送礼用包装）装起来卖。可问题是，因为豆馅糯米团是人气商品，即便当天去了该店，也可能买不到，所以最好提前电话预约。也就是说，不预约恐怕买不到。每天仅做七八千个，光是预约就已经全部定光了。

空也有名的是豆馅糯米团，暂不特别推荐空也饼，对限定销售的产品感兴趣的人，还是先打电话过去确认一下为好。而在空也，一个少见的现象是，即便是当面销售，也不接受刷卡，请各位记好了。

空也

地址：东京都中央区银座6-7-19

电话：(03) 3571-3304

营业时间：10:00-17:00

周六 10:00-16:00

休息日：周日、节假日

空也豆馅糯米团 1个 95日元，
10个 950日元（家庭用盒装）
10个 1,000日元（礼盒装）
空也饼1个 230日元

竹叶卷去骨寿司总店「外卖寿司」

诸多文人所喜爱的送礼寿司名店

小津喜欢吃的，还有寿司。不光喜欢现攥的寿司，还有青花鱼寿司，就连外卖的寿司也喜欢。

小津多次收到别人送的寿司，是竹叶卷去骨寿司。店面从 JR 御茶水站过去，只有五六分钟的路。一种说法是，这里是江户前寿司店的前身。小津的《美食手帖》里有如下的记载：

竹叶卷去骨寿司

神保町街角　小川町下车

二九—二五七零

从 JR 御茶水站的圣桥口出来，过了尼古拉教堂，穿过本乡通路，一片茂密的绿树竹叶中，一间小店豁然呈现于眼前。门口右侧陈列着简单的样品柜，一望便知是寿司店。竹叶卷去骨寿司店总店创建于 1702 年（元禄十五年），是东京寿司老店中的老字号。很多小说家，如山口瞳、池波正太郎等文化人，都喜欢这里的寿司。

店内装裱一文，题为："江户名产竹叶卷去骨寿司的由来"，洋洋洒洒，挂在店内。此文的前半部，该店做成印刷品，以广流传：

竹叶卷去骨寿司，起源于战国时期，当时给前线送米饭，用竹叶包扎。这一独特的做法，到元禄十五年，演变为竹叶卷寿司，广受欢迎。当旗本、松平等诸侯莅临该店，看到鱼细骨用镊子剔去的制作细节，觉得"很有意思"，遂把竹叶卷寿司，称为去骨寿司，继而流传于世。

起源，也即开端之意。主要讲的是，战国时代，用竹叶包裹好米饭，为了吃时省事，把包在里面的鱼骨先用镊子剔去，因而得名。

这种寿司的做法，是为了更好地保存，米饭做得如同萩饼一样，有黏度。在没冰箱的年代，是一种智慧的产品。这不妨可以试试任取一个放进嘴里，有普通现做寿司所尝不到的味道。米饭软软糯糯，醋米饭那种不可思议的味道，在口中扩散开来。用盐腌渍过的时令食材，蘸上强酸度的醋，可以长时间存放。这里的寿司，无论从饭团的味道，还是食材的新鲜度上，与江户前手攥寿司定位截然不同。竹叶卷去骨寿司，就像开篇所介绍，考虑到送往阵前，为把兵粮做得可口美味才应运而生的，是一种打包外卖的寿司。

小津日记中多次提到收到过竹叶卷去骨寿司的事。例如 1955 年（昭和三十年）3 月 7 日记载："四点半后，高顺、吉泽茂女以及稍后到的富二等人来访，收到他们拿来的去骨寿司、伊势源、荞麦面，如风月点心等礼物，众人十一点回。"日记中叙述的是，在茅崎馆编写《早春》剧本时的事情，当时众人来慰问小津和野田，以小津剧组人为主，带来很多礼物看望，与小津欣然相聚。

竹叶卷去骨寿司，有鲷鱼、鱼肉松、紫菜葫芦干卷、鸡蛋、光物[1]、虾等六种食材，依季节变化，白身鱼[2]及光物的种类会做调换。食品盒的可装数量，有五个、七个、十个、十二个、十五个……

1 光物：寿司的主料，指鱼皮泛着白色光芒的鱼类，如鲹、青花鱼等。

2 白身鱼：寿司的主料，指肉色为白色的鱼类，如黑鲷鱼。

一百个等，各种分装数量，一应俱全，方便购买。

竹叶卷去骨寿司总店，虽说专营外卖寿司，但也可在店里品尝。有简单的三个装套餐，也有七个装套餐。后者随餐送一碗美味鱼汤。七个看似不多，但糯米的寿司饭，作为午餐，量也足够了。

竹叶卷去骨寿司总店

地址：东京都千代田区神田小川町 2-12

电话：（03）3291-2570

营业时间：9:00-18:30 周六 9:00-17:00

休息日：周日、节假日

盒装（五个装）1,050日元起

七个套餐（附清汤）1,620日元

泉屋东京店【曲奇】

白色救生圈式的标记，就是『泉屋东京店』的大门

现介绍小津 1961 年（昭和三十六年）1 月 22 日的日记。

艺术新潮的向坂从泉屋寄来一盒曲奇
是对去年冬天拍片的答谢礼
不去看相扑力士赛，可以睡个懒觉
初场 所千秋乐赢了柏户琴，若胜了朝

前一年 12 月 25 日小津的日记中曾记载过："艺术新潮的向坂来过。"因而有了礼尚往来之事。1960 年 12 月号的《艺术新潮》里，就十一月刚刚杀青的《秋日和》，对小津安二郎、里见弴、东山魁夷、饭田心美四人进行访谈，登载了访谈的报导。"泉屋的曲奇"是对小津特别奉赠的回礼。

小津非常喜欢相扑运动，而且很专业。这也许是因为生在深川，体格健壮之故。小津经常去看相扑赛，而这一日，似乎是看电视里转播的赛事。琴指的是琴浜，若指的是若乃花，朝则是朝潮，均为第一代的力士。如此说来，深川的富岗八幡宫里，有一座日本最大的神牌位，相扑迷所知的历代横纲冠军和大关亚军的英名，均一一刻在牌位上。

小津的《美食手帖》里记载：

▲曲奇—泉屋
○ 千代田区麴町三之一
○ 京都市中京区押小路通柳马场东

关于泉屋，写有两处地址。“泉屋东京店”至今还在麴町三之一，而京都的地址，如今已不见泉屋的踪影。但是，泉屋的原点起于京都。泉屋的创业者泉伊助，是虔诚的基督教徒。他跟传教士学会了做曲奇（用小津的说法，叫饼干），那是苏格兰式的硬曲奇。从泉屋的企业史可知，它是 1927 年（昭和二年）在京都市上京区开店的。就此泉屋迈出了第一步，逐步成为曲奇店的老字号。几年前，按小津手帖里所写的地址，我到京都中京区押小路通柳马场附近走了走，没有找到泉屋的店铺。创立者伊助去世后，店铺搬到东京，叫泉屋东京店，而今京都起家的总店已不存在，东京店自然成了泉屋总店。

麴町三丁目的楼，异常庞大，墙面为藏蓝色。最让人费解的，是招牌上的白色救生圈。再仔细看，可以看到用黑字写的“CONFECTIONERY IZUMIYA”。[1] 如此说来，店内的墙面上，也装饰了救生圈。铁罐盖上、漂亮的包装纸上，都有这个简单的救生圈图案。基督教所重视的人与人之间的关系，都赋予在这个救生圈上。仿救生圈形状做成的甜饼圈，是泉屋最有代表性的热销曲奇。

泉屋东京店的橱柜里，陈列着形状各异的曲奇饼。其中，最具代表的，是盒装的特制曲奇饼。罐的颜色，深蓝底儿加白色，用的正是泉屋色调。而摆放在各色曲奇的中心，是救生圈形状的甜饼圈。泉屋除曲奇以外，还卖各种蛋糕。

泉屋的曲奇并不十分甜，咬起来非常酥脆，不会“返潮”，没有

1　CONFECTIONERY IZUMIYA：直译为“甜点泉屋”之意。

便宜曲奇的通病，实为精工细作的典范。泉屋在东京，除三越日本桥的总店外，在各大百货公司均设有店面。就像拜访小津的编辑一样，可以带上一盒泉屋的曲奇，去看望重要人物。现在如同小津时代一样，曲奇依然是尊贵礼品。

泉屋东京店

地址：东京店千代田区麴町 3-1

电话：（03）3261-5541

营业时间：10:00–19:00　周六 10:00–17:30

休息日：周日、节假日

盒装特制曲奇饼 1,000日元起

袋装甜饼圈（12个）530日元

Hamaya［富贵豆］

希望各位能喜欢这里漂亮的包装纸，『Hamaya』的门面

小津安二郎导演拍过一部默片《温室姑娘》。演员阵容是饭田蝶子、田中绢代、坂本武、突贯小僧等人，均为战前小津在松竹蒲田制片厂拍片时常用的演员。这部作品胶片已遗失，幸好脚本还留存。脚本是以如下的一段话开场的：

T“各位都知道甘酒横町的脆饼店吗？”

“T”是字幕（Title）的第一个字母，默片时代，银幕上都映出大字幕。饰演煎饼屋的演员是坂本武[1]。如此人物设定，便可推知，人形町在昭和初期，是市井阶层的聚集地。现在的东京，像人形町这样小巧、整齐的商店街，已经很少了。人形町附近，原先的下层市井风情已荡然无存。在地铁人形町站下车，上到路面，规整的街道，随处可见。不但人形町如此，通往明治座的甘酒横町，现代都市风格也显而易见。这里与门前仲町和浅草寺周边的市井风情不同，现在的人形町，既不是山之手[2]，也不是小津电影中的市井居住区。

小津在《美食手帖》中，记载有人形町里的几家店铺。其中一些店已经消亡，另一些店，依旧存在，颇让人引以为豪。比如喜代川。喜代川在日本桥的小网町，店面虽小，却是鳗鱼店里的老字号。喜代川的鳗鱼，没有膻味，肉厚脂丰，调味汁带些许辣味。所做鳗鱼饭，口味清淡，就连鳗鱼肝清汤，也是清清爽爽。听这里的人说，

1　坂本武（1899—1974）：昭和时代演员。善于刻画下层百姓的悲欢。

2　山之手：江户时代是对麹町、赤坂、四谷、牛込、本乡、小石川等地域的称呼，在武藏野台地东侧。山之手意即市井阶层。

鳗鱼肝清汤，并非汤中有肝就是好汤。喜代川店只四张桌子，仅能坐十来人，非常小巧。和这里的鳗鱼饭一样，室内没任何多余的装饰，一切仿佛只为品尝鳗鱼而设的神圣空间。鳗鱼美妙的口味，肝清汤微妙的口感，食具雅致的造型，以及房间清爽的布置，喜代川绝对是人形町里一间考究的鳗鱼店。吃套餐的客人，可在铺席子的房间里就餐。

除了当地人，外人几乎很少知道的是，这里还有一间有名的富贵豆老字号。小津在《美食手帖》里写道：

> ▲ Hamaya 蛎穀町四丁目
> 滨町的桥尽头
> 富贵豆 海味烹

Hamaya 在新大桥路与人形町路交叉处。从人形烧的名店“重盛永信堂”，往新大桥路隅田川方向走过去二百米左右，再往前走一些，临近清洲桥路，左手边即可看到人形町的象征——明治座。

Hamaya 如果按现今的类型划分，可算作是天然食品店。就像小津在《美食手帖》里写的，看板上也标注得极其清楚，店里的产品是海味烹。但是，Hamaya 的名产却是富贵豆。橱柜里展示的海味烹有是有，可并没让人感觉真正在卖。更多的只是鲣鱼松、虾味烹、昆布什锦、咸烹银针鱼这四种。

富贵豆究竟是什么呢？难道没看到过每逢年底超市中排列的产品吗？所谓富贵豆，是指去皮豆子用砂糖熬制而成，色泽金黄的甜味豆。Hamaya 的富贵豆，无论视觉还是味觉，都与超市出售的迥然不同，豆子经过一粒一粒精选，口味浓厚。

而这里，特别要提一下的，是 Hamaya 漂亮的包装。精致、考究的包装纸，把商品包裹得极其惹人喜爱，完全看不出东京的市井格调，实可谓人形町附近特有的江户风情体现。从包装纸的精美，包裹的精细而论，东京有没有可以和京都老字号抗衡的店铺呢？大家可能觉得没有吧。但 Hamaya 却是为数不多的，可与之抗衡的老店之一。

Hamaya

地址： 东京都中央区日本桥人形町 2-15-13

电话：（03）3668-1886

营业时间： 周一～周五 10:00-17:00 周六 10:00-16:00

休息日： 周日、节假日

喜代川（鳗鱼）

地址： 东京都中央区日本桥小网町 10-5

电话：（03）3666-3197

营业时间： 11:00-14:00，17:00-20:00

休息日： 周日、节假日

富贵豆 1,200日元（360g）

盒装 1,500日元（410g）

鲋佐「海味烹」

江户人的海味烹「鲋佐」店就是这里

小津在《美食手帖》中，对东京的海味烹店写过如下一段话：

▲海味烹

· 鲋佐——台东区浅草桥三丁目一

电话 浅草 七七一〇

· 海老屋——墨田区本所吾妻桥

海老屋总店，在涂成红色的吾妻桥附近，对面即是朝日啤酒那极具特色的大楼，屋顶上顶着一团金黄色的啤酒沫。海老屋在各大购物中心的地下，各地都设有门面，是间有名的海味烹店。但鲋佐的海味烹，却和海老屋总店的全然不同，不去浅草桥店，是买不到的。这充分体现了鲋佐的价值。

鲋佐创业以来，只做海味烹，一直严守第一代佐吉的家训，“家业要以诚为本”，沿袭不借手于外人，店主自己站在炉前的“一脉相传”制作工艺，燃料依旧使用柴火，与从前毫无差别。因而，户籍上一直继承初代“佐吉”师名，至今已传至第五代。

鲋佐没有销售分店，就在原址诚意恭候各位光临。

从介绍中可以看出，店主自立炉前，对每道工序付以耐心和仔细。这与小津的世界是何其相似。

从 JR 浅草桥站下车，沿江户通路往藏前方向走二百米，即可到鲋佐。1862 年（文久二年），船桥出身的大野佐吉，在浅草桥创业以来，直到如今。建筑物曾经翻新，店内相当干净，而味道依旧不改当年。在鲋佐，装海味烹的容器，除了长方形的打包盒，还有圆形的曲物，用于馈赠，后者似更受欢迎。用圆形容器装海味烹本就不多见，包装纸上又用黑墨印上大大“鲋佐”二字，反倒让容器整体，充分的跃动了起来。打包盒，抑或曲物里，装有昆布、小沙丁鱼、蛤蜊肉、虾和牛蒡五个种类。另一种别扣的盒子，则装有六种海味烹。

小津的日记里，多次提及收到鲋佐海味烹的事：

> 一九五三年六月六日
> 入浴 厚田雄春来 收到了鲋佐海鲜烹 一起去公司
> 与野田、山本武及高村所长会晤

上文例子中，带来鲋佐海味烹的厚田雄春，是有声电影以后，小津多部电影的摄影师，他从心里崇拜小津。要想知道厚田是怎么样的人，可以看小津的粉丝，以《德州巴黎》和《柏林苍穹下》闻名的维姆·文德斯拍摄的一部以小津为题材的电影《寻找小津》。这部片子里，维姆·文德斯采访了敬爱小津的摄影师厚田。因一直不离小津左右，厚田熟知小津的食物喜好。那时，小津刚完成《东京物语》的脚本，在家休整。不久，就开始到东京踩点，接着又去了尾道、热海等外景地，那时厚田一直与小津同行，选取外景地。

鲋佐海味烹的特点是没甜味，非常咸。不禁让人想起神田薮系荞麦面的卤汁。直接入口，会觉得盐味过重，倒真是符合江户人的口味。但他们教会了我鲋佐海味烹的食用方法：“除了配白饭、茶泡饭、做下酒菜外，还可以做饭团子及煲饭用的食材，口感鲜美。”果真如此。鲋佐的海味烹，用作茶泡饭、煲饭来食用，盐分减少许多不说，味道也确实鲜美。

鲋佐

地址： 东京都台东区浅草桥 2-1-9

电话： (03) 3851-7043 (03) 3851-7710

营业时间： 9:00-17:00

休息日： 周日、节假日

曲物 2,200日元

盒装 3,570日元

长门「半生果子」

『长门』的店面，与日本桥街道的风格融为一体

小津自己要买和果子的话，会去长门。

从日本桥丸善总店前横街，朝东京站方向，走过去一百五十米的左手边，就是长门。从东京站八重洲北口上来也不过数分钟。这是间小巧漂亮的店铺。桃色的遮阳篷取代了暖里，异常显眼。橱窗里摆着漂亮的时令和果子，女儿节用的、端午节用的，美美地装饰着橱窗。

长门，是小津战前最喜爱的和果子店之一。创立于八代将军德川吉宗时代，当时挂在“松冈长门”门下。作为和果子店，时常要给将军府供奉和果子，因而算得是和果子店中的老字号。1935 年（昭和十年），小津在日记中数次写到：

二月十八日

去公司

给社长叙述脚本故事

之后　与池忠去了银座

从长门去拜访汤河原中西屋的本因坊秀哉[1]，以谢前日赠书之礼

同月二十日

天色晴美

配着长门和果子，饮着茶

1　本因坊秀哉（1874—1940）：日本明治、昭和时期围棋手。棋风奔放，被誉为“不败的名人”。

同月二十三日

去松岛吃天妇罗

在长门买了和果子　买了内田百间[1]（闲）的《鹤》

据日记内容推测，长门店战前应该在银座，也就是现在银座五丁目“Core 大厦”附近。但随之消失，直至战后，在日本桥附近，才有了现在的长门店。听店里人说，长门最早开在神田须田町附近，战后，被其他店取代，小津时常从银座去的，应该是空也店。长门从银座消失后，恰巧空也从上野搬来银座，但也不能说是直接取代长门。而战后，小津还是经常去日本桥的长门店。例如 1954 年（昭和二十九年）2 月 25 日的日记中：“和野田一起进京，看大映的影片 Little Foxes[2]，然后去了长门，上野的蓬来屋。”Little Foxes 影片，日本上映时译名为《花园的骗局》，导演威廉・惠勒，主演贝蒂・戴维斯。

长门的店头，依季节而异，会摆上各种不同的生果子[3]。踏入店面的瞬间，即会感到选择的困难，随之会被柜子下摆放的半生果子[4]吸引过去。也就是小津说的“干果子[5]”。色彩纷呈，形状各异的半生果子，分装在各种盒里。

1　内田百间（1889—1971）：夏目漱石门下的日本小说家、随笔家。战后笔名改为内田百闲，别号百鬼园。

2　Little Foxes：1941 年上映的美国电影《小狐狸》。

3　生果子：带馅日本点心，含有水分，不宜长期保存。

4　半生果子：介于生果子与干果子之间，水分含量控制在 30% 以内，保存时间相对较长。如豆馅糯米饼、豆沙松露。

5　干果子：水分较少的日本点心，如铜锣烧、脆饼。

在长门买半生果子，装盒时的快乐，令人难忘。半生果子按季节不同，装盒的内容亦有不同，盒子也可选择。盒子上裱装的包装纸主题纷繁，有季节性的花草，春季是樱花，初夏为菖蒲，秋天用红叶或银杏。还有和服的花纹，皇室的御车等题材。之后再用江户千代纸，一一贴在盒子上。客人可以挑选自己中意的盒子，这让来长门购物的客人，乐趣倍增。而西式点心店，一年到头，盒子里摆放的都是相同的食物，很难感受到季节变化。老字号的和果子店则不然，在这方面下足功夫，制作的商品都充分考虑到季节的变化，这种店不在少数，长门就是其中很有代表性的一家。

淡雪铺地，长门干果子，一壶香茗

上面是 1934 年（昭和九年）3 月 29 日日记中的一句。试想一下：小津安二郎在深川自家的宅院，眺望霏霏雪景，手捧一杯薄茶，配以长门的和果子，三十而立，尽显风流。

长门

地址：东京都中央区日本桥 3-1-3

电话：（03）3271-8662

营业时间：10:00-18:00

休息日：周日、节假日

盒装半生果子 1,800日元

船桥屋【葛粉糕】

到龟户天神社探访，一定要去「船桥屋」

从 JR 亀户站走十分钟，就到仿太宰府天满宫的亀户天神社，神社专祀菅原道真[1]。

神社境内有一座红色的太鼓桥和一个大池塘，池中不光锦鲤游摆，更如同寺名一样，乌龟数量巨多。寺内存有一张歌川广重[2]《名所江户百景》之一、题作《亀户天神境内》的浮世绘杰作。即便你没有亲临其境，看作品中描绘的藤花及太鼓桥，也可对亀户天神社洞悉一二。

神社中，诚如广重浮世绘中描绘的一样，藤花架是有名的。藤花的花季，恰逢黄金周，前来观赏淡紫色藤花者，络绎不绝，摩肩接踵。这个时期，到亀户天神社观赏藤花的游客，于归途中，总会在神社入口百米处的船桥屋歇歇脚，买一盒名产葛粉糕。

小津导演的彩色电影，以孩童放屁为题材的电影《早安》，一改以往的风格，节奏欢快。片中，住在郊外文化社区的一位出场人物，与妻子有句对白："今天会去亀户，要买份葛粉糕吗？"的确，如台词中所说，可以理解为去船桥屋买葛粉糕，另一方面，我们也可一窥小津创作脚本的技巧。小津把自己丰富的生活经验，依次堆加进电影对白中，从而成为有人情味的脚本。

小津日记中，记述了自己收到船桥屋葛粉糕的礼物。引用如下：

1　菅原道真（845—903）：日本平安时代的贵族、学者、政治家。长于汉诗，尊奉为学问之神。

2　歌川广重（1797—1858）：江户时代后期的浮世绘大师。年轻时从师于画家歌川丰广，开始其浮世绘的画家生涯。受葛饰北斋的影响，创作了风景系列画《东都名胜》，显示了其不凡的才技。代表作有《东海道五十三次》《近江八景》《名所江户百景》。

一九五五年二月十七日

儿井的司机大桥因工作问题来访

送了盒龟户的葛粉糕

儿井是小津在新东宝时拍摄《宗方姐妹》（1950 年）时的制片人。

船桥屋，好似模仿龟户天神社一样，店门口搭了一座漂亮的藤花架。因遭战火，现在的建筑物，是战后不久重新修建的。收银台旁，有一间茶室。棚顶高悬，气氛安详，有三十来个座席。菜单是甜品店常见的蜜豆、豆沙水果冻、珍珠红豆沙等，但在这里更应该点的，是名产葛粉糕。

蘸满黄豆粉和红糖蜜的葛粉糕，吃上去口感滑润。这得益于黄豆粉和浓厚的红糖蜜恰到好处的融合，喜吃甜食的人，绝对会大加赏识。送礼的话，有二三人份的量，按现价来说，实在不贵。如果你在茶室吃葛粉糕，大多会注意到，停下车顺道来买的人实在有很多。名产自具的号召力，你就足以理解了。

说起葛粉和红糖蜜，很多人会想到葛粉冻。例如，在京都祇园四条通上，键善良房的葛粉冻。作为和果子店，那里总是人山人海，而更为出名的，是里面的茶室，能让大家吃上一份上佳的葛粉冻。

船桥屋的点心之所以叫“葛粉糕”，事出有因。船桥屋葛粉糕创业于 1805 年（文化二年），说是“葛粉”，并不是用吉野葛做成的葛粉，而是把小麦粉中的淀粉，加上天然的地下水，发酵 450 天（15 个月），蒸制而成。船桥屋第一代掌门出身于船桥，在古时，船桥是小麦产地，因而制作时就地取材，用了小麦粉。船桥屋的葛粉糕，很适合江户下层的口味，在市井庶民中广受欢迎。

“船桥屋”的招牌和暖帘上的文字，出自写《宫本武藏》等小说的吉川英治的手笔。吉川喜欢用葛粉糕的红糖蜜蘸面包吃，在民间广为流传，成为一段佳话。

船桥屋

地址：东京都江东区龟户 3-2-14

电话：（03）3681-2784

营业时间：9:00-18:00 周日 9:00-15:00

休息日：年初

葛粉糕（店内）530日元，（馈赠用）700日元起
豆沙水果冻（店内）590日元，（馈赠用）420日元
蜜豆（店内）590日元，（馈赠用）420日元

福槌「寿司粽」

东京罕见的上方寿司名店『福槌』的门面

以前，在地铁赤坂见附站附近，有一家专门做外卖的上方寿司[1]名店，叫“有职”。很可惜，在泡沫时期关张了。当时的旧址改为了弹子房。老字号名店的消失，总会让人遗憾、难过。

小津的《美食手帖》里，对于踪影已无的有职店，记有如下地址：

▲有职

赤坂田町一丁目一〇

四八—九三六

女演员田中绢代，在日活导演过一部电影《明月当空》。她被大众所认知，是因为她本是一位出色的演员，而作为导演，她曾拍过六部电影。《明月当空》是她作为导演拍摄的第二部作品。这部影片的剧本，是小津安二郎和斋藤良辅两人合写的。战后不久，和斋藤一起完成这部片子的剧本后，小津本打算自己来拍，起用的女演员均因档期不合适拖延了下来。1954 年（昭和二十九年）秋，这部剧本由田中导演再次复活。为让田中执导得更顺手，小津做了相应修改，以表支持。

看过《明月当空》后，小津在 1954 年 12 月 9 日的日记中写道：“《明月当空》试映，佳作。”影片公映是在次年。田中的处女作《恋文》，已被认为是一部佳作，之后的《明月当空》也被认可，我们自可认为田中秉具导演之才。《明月当空》虽由田中导演，但剧本由小津、斋藤二人撰写，影片多少留有小津作品的痕迹。

1　上方寿司：即为大阪寿司。

从小津日记中看到，田中绢代执导的影片杀青后，内部试映加之答谢，忙碌了近十天。同年的12月18日，田中造访了北镰仓小津宅邸，带来了“有职”的寿司和“鲋佐”的海味烹。下文提到的“月亮”，即为影片《明月当空》。

午后两点，田中绢代来。就月亮议论了一番
收下了“有职”寿司和“鲋佐”海味烹
与辻、马场、冰吾等打麻将

尝过“有职”味道的人，有福了。

十多年前，工作了二十来年的几位“有职”手艺人，在溜池的ARK Hills[1]对面一栋小楼的地下，开了一间店。店名自然不能沿用“有职”的招牌，就名之为福槌。也许因为柜台的位置不够显眼，之后搬了家。现在福槌开在了溜池山王站八号出口法曹大厦的地下，作为外卖寿司专营店，有了一间小小的门面。

福槌的招牌菜，当属“有职”时代的名产——鲷鱼、竹荚鱼、虾、鳟鱼、鸡蛋等五种寿司粽。用两张竹叶包起来的寿司粽，不仅看上去秀色可餐，味道更是清雅甘旨，感觉吃下去多少都无妨。在东京，这里当属唯一的外卖寿司店。此外，还有漂亮的茶巾寿司[2]和

1 ARK Hills：1986年竣工，由办公楼、住宅区、商业设施、文化艺术设施等组成，是日本第一个由民间企业承办开发的大规模旧区改建项目。竣工之初，许多刚刚进入日本的外资金融机构入驻其中，使得ARK Hills成为东京具有代表性的金融中心建筑。

2 茶巾寿司：用鸡蛋皮包裹住，外面打上昆布结的寿司。形状类似中国的烧卖。

海鳗箱押寿司[1]，绝对是上方寿司的群英汇。其中的海鳗箱押寿司，烤制的火候恰到好处，值得鼎力推荐。如此入味的海鳗箱押寿司，应该是很难吃到的。

说到送礼，大多会想到送点心。那些学田中绢代把寿司做礼物的人，收到礼物的人一定会非常感谢他们的。现在，福槌已进入池袋西武、小田急新宿总店、玉川高岛屋等有名的购物中心。仅仅几年工夫，人气高升，福槌的口味之好，自是不争的事实。这要特别感谢那些为传承老字号的手艺和味道而努力不懈的手艺人。

1　箱押寿司：将米饭及生鱼片放进长型小木箱中用力压，然后切成小块，以供食用。

福槌

地址： 东京都港区赤坂 2-2-21 永田町法曹大厦 B1F

电话：（0120）292-186

营业时间： 9:00–17:00 周日 9:00–15:00

休息日： 年初

寿司粽 各 420日元

寿司粽（30个一筐）14,700日元

茶巾寿司（一个大的）735日元，（两个小的）893日元

海鳗寿司 1,260日元

日山［牛肉］

讲究的人形町上，醒目的『日山』店面

小津最爱的食物中，有牛肉火锅。

为写剧本，小津经常住在茅崎的旅馆“茅崎馆”中，常常做牛肉火锅，请看望他的演员或剧组人员一起享用。但是，小津最得意的是“牛肉咖喱锅”。在做好的牛肉火锅里，撒上咖喱粉而成。田中绢代吃了称赞说好吃。怎么会说好吃呢？肯定是没法好吃的！即便对牛肉火锅和咖喱饭都喜欢，但把两者合二为一，味道就怪了。要喜欢咖喱味的牛肉，就应该去吃牛肉咖喱。

小津在五十年代拍摄的影片中，多次给了牛肉火锅的镜头。《麦秋》的结尾，一家子围着定下婚事的纪子，吃牛肉火锅；《东京物语》中，招待从尾道过来的老夫妇，吃牛肉火锅；《早春》中，来看望主人公杉山昌子（淡岛千景饰）的朋友（中北千枝子饰），拿了购物篮去买牛肉火锅里用的肉，因昌子的丈夫外出，两人决定吃牛肉火锅。这三个剧本，都是在茅崎馆所写，均出自小津和野田高梧之手。

小津之所以喜欢吃牛肉火锅，是因为其父寅之助是松阪人，小津十岁后的多半时间（从小学高年级、到旧制中学、到失学、到当临时教员）都住在松阪。小津的日记中，多次出现松阪有名的牛肉火锅店和田金的名字。

小津留下的《美食手帖》中，写着“牛肉”的，有“和田金—伊势　松阪”，“三岛—京都”，“本宫家—大阪”。而东京，记下很多像下面这些店。

桥本—东京浜町—现在没有了　　松阪—银座

夕雾—木挽町三　　河屋—四谷

石桥—神田末广町　　早川亭—日本桥通二

今清—日本桥芳町 人形町下车　　长谷甚—堀留町 人形町下车

日山—人形町　　故里—高元寺四北口下车

这其中有几家店还开着呢？堀留町的长谷甚，搬到了麻布台，更名“はせ甚[1]”。はせ甚可以吃到松阪和田金的牛肉，卓有名声。但不幸的是，因涉嫌BSE[2]问题，不知何时，悄然关张。其中，恐怕只有日山，还与小津光顾时一样，没有任何改变，现在依旧开着。

日山地处繁华的人形町要道上，在大正时代建筑物的基础上，加以扩建，整栋楼宇气势雄伟。一楼出售鲜肉，如果要就餐的话，要掀开左手边暖帘，上到二楼榻榻米放了桌子的房间。这不禁让人想起京都的牛肉火锅名店——三岛亭。三岛亭也是进门右手是肉铺，左手边是楼梯，上去就是吃牛肉火锅的房间。

晚饭时间，有正统的牛肉火锅套餐，从前菜到甜品，一应俱全；此外，还有烤牛排套餐、涮牛肉套餐。而白天，可以吃牛肉火锅套餐，比晚间便宜。日山的佐料汁，稍有些辣，下酒却是恰到好处。店里的招待员会帮你把一切料理好，喝着啤酒或是凉酒，就可以开始享受正宗的牛肉火锅了。肉用的是最棒的日本菜牛，滑嫩鲜

1　**はせ甚**：“**はせ**”发音“hase”，与长谷（hase）的发音相同。

2　BSE：Bovine Spongiform Encephalopathy，疯牛病。

香，让人交口称赞。

日山的鲜肉，也声名远扬。一层的右手边，可以买到高级的牛肉和猪肉。路过店门，可以看到堆砌成山的外卖盒，可以用来装火锅肉，但更值得推荐的是，铁网烤肉用的关西甜口白味噌腌牛肉。无论哪种，都适合送礼赠答。说到白味噌腌牛肉，难免会让人想起JR 神户站附近的大井牛肉店，可谓是南北双璧。为了防止烤煳，刮去白味噌，放到铁网上稍烤一下即可；牛肉的美味，不禁让人叫绝。

日山

地址：东京都中央区日本桥人形町 2-5-1

电话：（卖肉）（03）3666-5257（用餐）（03）3666-2901

营业时间：（卖肉）10:00–19:00（用餐）11:30–14:00、17:00–21:00

休息日：（卖肉）周日（用餐）周日、节假日

白味噌腌牛肉（牛腿肉） 4,200日元
白味噌腌牛肉（牛里脊） 10,500日元
牛肉火锅套餐（午餐） 6,825日元
牛肉火锅套餐（晚餐） 8,400日元

柏水堂［西点铺、饮品店］

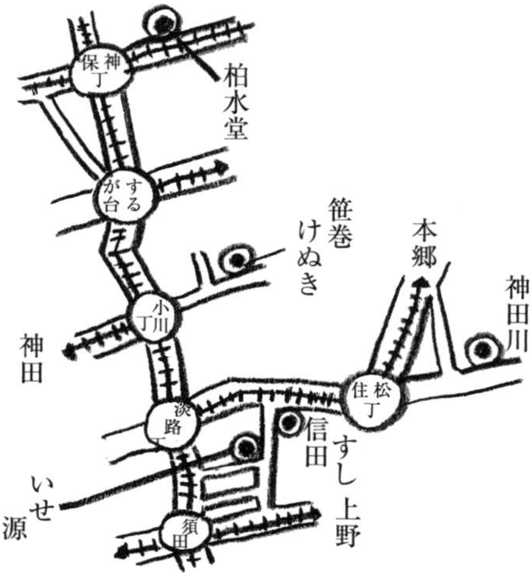

『柏水堂』的怀旧风格，与神保町整体格调相统一

过了神田神保町的路口，沿着靖国通路左侧往骏河台下的方向走，走不多远，第一个路口即是法式点心的名店“柏水堂”。小巧整洁，店门朴素，注意不要走过了。

小津在《美食手帖》里，除了记录，还附地图。

柏水堂

神田神保町二之二

都电神保町车站前

按小津的地图走，柏水堂并不在现在的位置，而是在神田神保町路口，往水道桥方向走不多远的路左侧。小津在《美食手帖》里写到柏水堂，是五十年代的事情。那时的柏水堂，在东京西点铺里是屈指可数的点心店。

柏水堂先是作为餐厅，于1929年（昭和四年）开业。昭和初期发行的《东京美食宝典》中写道：

神保町路口，靠近三崎町左手边的第四家，是一间安静、可以喝茶吃简餐的小店。店主对食材精挑细选，对每一道菜，都下了一番苦心。午餐三十钱，咖啡十钱，价格不贵，一般人均消费得起。店内漂亮、整齐，感觉温馨，在学生和知识分子间，广受好评。而尽人皆知的是，店主太太是位诗人。

由此可知，柏水堂最初开在白山通上。

如此看来，经营者当初把店开在神田地界，为的是让学生，或是来找旧书的知识分子，有个休息之所。众所周知，太宰治和三岛由纪夫也曾光顾此地，可见柏水堂在神保町一带，很早就有了名气。说起神保町的咖啡馆，很多人马上会想到“Sabouru”或是“Milonga Nueva”。现在可能很难想象，这两家店在当时都是柏水堂的劲敌。

现在的柏水堂，作为馈赠礼物的西式点心店，生意兴隆。特别是“Marron glacé”（蜜糖栗子）和“Madeleine”（松糕）两款超人气产品，近旁出版社的编辑经常采购，作为赠品，答谢友好人士。此外，水果蛋糕、巧克力等应有尽有，店面虽小，可选的礼品却很多。

柏水堂的“Marron glacé”，精选大个的栗子，饱蘸蜜糖，有着蜜糖类点心特有的浓厚口味。配上一杯咖啡或红茶，可谓绝顶享受。“Marron glacé”银色包装盒上，把柏水堂店名和红色文字做了压印处理，突出招牌地位。而“Madeleine”，有柠檬和可可两种口味，送礼的话，可混搭包装，卖相也好。

店内设施是咖啡座，但已不供应简餐。桌子仅五张，可坐十个人，经常高朋满座。在这儿，不光可以喝到咖啡或红茶，还可以点经久不见的“Lemonade”（柠檬水）。当然，还可以点一份玻璃柜里的蛋糕，看上去都那么诱人，不由不动心。在柏水堂，还可一试名产“三色泡芙”。“三色泡芙”，顾名思义，是由香草、摩卡、巧克力三种口味组合而成。尝一下，绝对让你难以忘怀。

近来，东京大街小巷到处充斥着蛋糕店。业内人士开的店、正宗欧洲过来的店，等等，其中不乏名店。去百货商场的地下层走一走，会让你惊叹，居然有这么多西式蛋糕店。但即使身处西店铺商战激烈的东京，柏水堂还能保持其怀旧风格。对美味恪守自己的坚持，在神保町一带，柏水堂依旧足以傲视同侪。

西点店如今流行把柜台设在百货商场地下，但我们却没有看到柏水堂的踪影。因为该知道的人，不说也知道。柏水堂早晨九点半开门迎客，对于那些只认包装上写有“当日生产”字样的人来说，无疑是个福音。

柏水堂

地址：东京都千代田区神田神保町 1-10

电话：（03）3295-1208

营业时间：9:30-19:00

休息日：周日、节假日、岁末年初

Marron glacé 230日元
Madeleine 220日元
三色泡芙 400日元
Lemonade 450日元

后记

2003年夏秋，就小津安二郎喜爱的饮食店，我连续写了十三篇文章，在《日刊现代》上连载。每次介绍两家店，对关东的店，一共介绍了二十六家，反响还不错。刊登后，有家出版社提出是否可以出一本单行本。我当即狂妄地回绝了。因为之前已出过《小津安二郎的餐桌》和《小津安二郎东京美食录》，关于饮食方面，不想再写什么书了。

岁月流逝，突然想写一本小津与关西美食的书，2007年晚秋，我带上相机，踏上了去关西的路。既然写了关西篇，自然也该有关东篇，欲望就这么上来了，于是本书就诞生了。

这本关东篇，收录了以前所有在《日刊现代》上介绍过的店，但文章在之前的基础上，做了大幅增改。

之前所写，一家店仅六百字的介绍，这次都重新写过。除已写的诸店，又增加二十来家。所有照片，除了“好好亭”以外，都全部重新拍过。“好好亭”现已不复存在，但作为北镰仓的名店，不可或缺。当然，店里的照片是拍不到了，现在刊登的“好好洞”的照片，是去年刚拍的。

写小津安二郎的美食之旅，花去比预期更多的时间。关西篇、关东篇两书，都完成于2010年岁末。虽说在数码相机时代，按下快门可以毫不犹豫，但盛在盘子里的美食，店面的照片，并不那么容易就能拍好。于是，对于不满意的照片，会再次、再再次地去店里重新拍过。这上面花去很多时间，自然是理所当然。无论读者，还是店方，希望都能宽容以待。要是篇幅再大一些，真想再多放一些食物照片。

几年前，法国的《米其林红色指南》[1]登陆日本，东京版、关西版，以及最近的东京·横滨·镰仓版都已出版。我并没想和这位美食帝王叫板，个人力量微小，怎能与之抗衡呢。《米其林红色指南》与《小津安二郎美食三昧 关西篇》《小津安二郎美食三昧 关东篇》，记录了同一地域的美食食府，纯属偶然。近年来，“B 级”美食[2]书籍泛滥于世，我不想随波逐流。如仅专注于拉面、回转寿司、方便食品，饮食文化将会逐渐衰退。自古以来，日本人以品尝各种美食为乐，磨砺出敏锐的味觉。小津就是这样一群人的代表，也是本书想推介的目的。

写本书期间，适值身边的亲人去世，对我的生活产生很大影响。人迟早会有一死，但亲人的离去，会让人痛不欲生。而另一方面，在近亲当中，也有人结婚。再者，本书的编辑，朝日文库的上坊真果君一直盼望的女儿，在此期间出生了。不禁让人想起笠智众在片子里的一段话：“死的死了，后面的人却接连不断地生出来。”这个片段，出现在小津晚年拍的《小早川家之秋》结尾部分。有人离去有人来，人生弹指一挥间，人类的繁衍却是周而复始。

回首 2010 年的夏天，暑热难耐。上坊君因家中产子，对本书

1 《米其林红色指南》：米其林指南（Le Guide Michelin）是法国知名轮胎制造商米其林公司旗下的明星出版物之一，其中以评鉴餐厅及旅馆的“红色指南”（Le Guide Rouge）最具代表。《米其林红色指南》会对顶级餐厅进行“星级标注”，凡是被它提及过的餐厅，就意味着他们是同行业的“精英”。而这些餐厅的厨师更是被人视为厨艺家。《米其林红色指南》被“美食家”奉为至宝，视作欧洲的美食圣经。

2 “B 级”美食：与使用高级食材，提供一流服务的“A 级”美食不同，“B 级”美食指日常普通老百姓光顾，价格相对便宜的好吃料理。拉面、大阪烧、乌冬面、炒面、咖喱饭、汉堡、盖饭等，即为“B 级”美食的代表。

的编辑，一时难以进入状态，所幸孩子安然诞生，最终并未影响出版进程。唯有我拍照一事，并不顺畅。由于上坊要照顾婴儿，难以外出，其间岸根由希编辑也参与进来。在此对两位编辑的齐力配合，以及欣然应允展示本书的书店工作人员，特别表示深深的谢意。

本书所载店铺，有些比较特别，且料理价格、营业时间、休息日等，恐时有变更。如有对书中提到的店铺感兴趣，想亲赴其店，或想买些尝尝的读者，希望一定提前打电话，咨询好营业时间。

2011年1月 大寒

贵田庄

主要引用文献及参考文献

贵田庄《小津安二郎常去的店和味道》《日刊现代》2003年7月9日至10月8日十三回连载

贵田庄《小津安二郎的餐桌》芳贺书店，2000年

贵田庄《小津安二郎东京美食录》（朝日文库）2003年

贵田庄《小津安二郎的餐桌》筑摩文库2003年

宇佐美承《新宿中村屋　相马黑光》集英社，1997年

关口保《Pirosiki[1]和巧克力 新宿中村屋创始者相马爱藏·黑光物语》鳟书房，1994年

中岛岳志《中村屋的老大　印度独立运动和近代日本的亚细亚主义》白水社，2005年

夏目金之助《漱石全集 第一卷》岩波书店，1993年

安井笛二《大东京美食寻访记》丸之内出版社，1935年

松崎天民《银座》筑摩学艺文库2002年

三上真一郎《巨匠和混混　与小津安二郎在一起的岁月》文艺春秋，2001年

《小津安二郎　人和工作》井上和男编，蛮友社，1972年

1 Pirosiki：俄语 пирожки，俄式炸包子。

《小津安二郎全集》井上和男编，新书馆，2003年

《全日记　小津安二郎》田中真澄编，FilmArt社，1993年

《东京人》东京都历史文化财团，1997年9月号

《Esquire[1]别册 银幕画刊 Vol.4》Esquire Magazine Japan，1998年

《Amuse[2]》每日新闻社，1999年10月13日号

《一个人》KK销售冠军，2000年12月号

《AERA》朝日新闻社，2003年12月15日号

《米其林指南 东京·横滨·镰仓 2011》日本米其林轮胎，2010年

1　Esquire：1933年创刊于美国芝加哥，是世界上最早发行的一本男性杂志。发行二十余国家，除时装外，更呈现以文化、生活方式为主的内容。

2　Amuse：1977年创建，以音乐人为中心，旗下有上市的大型艺术类制作公司，涉猎于电影制作、电视节目制作等领域。

镰田鸟山

永坂更科布屋太兵卫总店

双叶

鸟安

阿多福（天妇罗煎条泡饭）

SAMOVAR（左上：俄罗斯饺子 下：俄式烤肉串）

前川

安乐园

太田酒家

空也（左：空也豆馅糯米团，右：空也饼）

Hiromi（小津盖饭）

竹叶卷去骨寿司总店

泉屋东京店

长门

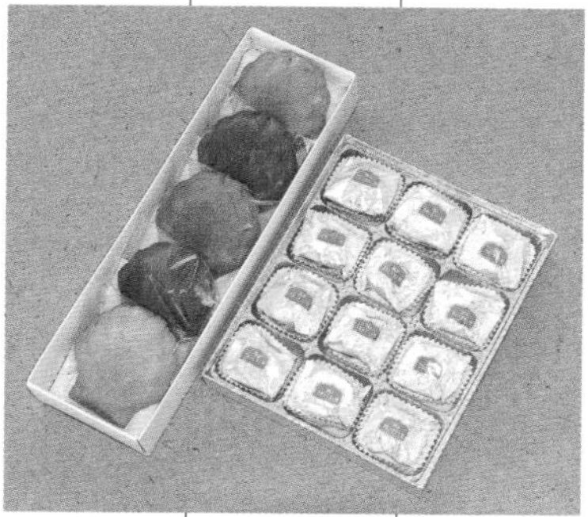

柏水堂（左：Madeleine，右：Marron glacé）

福槌（左：海鳗寿司，中：寿司粽，右：茶巾寿司）